统计与大数据"十三五"规划教材立项项目

数据科学与统计系列规划教材

深度学习

从入门到精通

Deep Learning

微课版

王汉生 ◎ 主编

周静 ◎ 编著

人民邮电出版社

北京

图书在版编目（CIP）数据

深度学习：从入门到精通：微课版 / 王汉生主编；
周静编著. -- 北京：人民邮电出版社，2021.1
数据科学与统计系列规划教材
ISBN 978-7-115-53702-7

Ⅰ. ①深… Ⅱ. ①王… ②周… Ⅲ. ①机器学习—教
材 Ⅳ. ①TP181

中国版本图书馆CIP数据核字(2020)第093074号

内 容 提 要

本书全面系统地讲解了深度学习的相关知识。全书共 8 章，包括深度学习简介及 TensorFlow 安装、神经网络基础、神经网络的 TensorFlow 实现、卷积神经网络基础、经典卷积神经网络（上）、经典卷积神经网络（下）、深度学习在文本序列中的应用以及深度学习实验项目等内容。

本书以人工智能知识体系为基础，以课堂案例为载体，采取理论与实践相结合的模式编写而成。

本书不仅可以作为统计、数据科学等相关专业本科生深度学习相关课程的教材，也可以作为人工智能领域爱好者，以及数据分析、数据挖掘等人员的培训或自学教材。

◆ 主　编　王汉生

　编　著　周　静

　责任编辑　孙燕燕

　责任印制　周昇亮

◆ 人民邮电出版社出版发行　　北京市丰台区成寿寺路 11 号
　邮编 100164　电子邮件 315@ptpress.com.cn
　网址 https://www.ptpress.com.cn
　涿州市京南印刷厂印刷

◆ 开本：800×1000　1/16
　印张：15.25　　　　　　　　　2021 年 1 月第 1 版
　字数：321 千字　　　　　　　2024 年 8 月河北第 9 次印刷

定价：49.80 元

读者服务热线：(010)81055256　印装质量热线：(010)81055316
反盗版热线：(010)81055315
广告经营许可证：京东市监广登字 20170147 号

当今，大数据和人工智能仍是最具活力的热点领域。大数据引发新一代信息技术的变革浪潮，正以排山倒海之势席卷世界，影响着社会生产生活的方方面面。而随着我国大数据、数据科学产业的蓬勃发展，北京大学光华管理学院商务统计系系主任王汉生教授意识到大数据和数据科学人才的匮乏，尤为难得的是，汉生教授所带领的团队愿意为高校的统计大数据人才培养方案和教学解决方案贡献智慧，以此希望能够培养出更多的大数据与数据科学人才来推动我国相关产业的发展。

面对海量的数据资源，汉生教授及其所在团队以敏锐的眼光抓住了学科发展的态势，引导读者使用数据分析工具和方法来重新认识大数据，重新认识数据科学。应该说，在整个大数据浪潮之中，我们正面临着大数据浪潮的冲击与历史性的转折，这无疑是个信息化的新时代，也是整个统计专业的新机遇。

基于此，汉生教授带领团队策划出版了"统计与大数据系列教材"，本套丛书具有如下特色。

（1）始终坚持原创。本套丛书涉及的教学案例均为原创案例，这些案例体现数据创造价值、价值源于业务的原则；集教学实践与科研实践于一体，其核心目标是让精品案例走进课堂，更好地服务于"数据科学与大数据技术"专业的需要。

（2）矩阵式产品结构体系。为了更清晰地展示学科全貌，本套丛书采用矩阵式产品结构体系，计划在三年之内构建出一个完整、完善和完备的教学解决方案，供相关专业教师参考使用，以助力高等院校培养出更多的大数据和数据科学人才。

（3）注重实践。教育界一直都是理论研究和发展的基地，又是实践人员的培养中心。汉生教授及其所在团队一直重视本土案例的研发，并不断总结科研和教学的实践经验。他们把这些实践经验都融入到了本套丛书之中，以此提供一个又一个鲜活的教学解决方案，体现大数据技术与数据科学人的共同进步。

总之，本套丛书不仅对"数据科学和大数据技术"专业很有价值，也对其他相关专业具有重要的参考价值和借鉴意义，特此向高等院校的教师们推荐本套丛书作为教材、教学参考、研究素材和学习标杆。

中国工程院院士 柴洪峰

2020 年 10 月 11 日

几年前,我受北京大学光华管理学院领导的委托,负责筹划学院的商业分析专业硕士项目。为此,我请团队成员帮忙从互联网上爬取了几十万份与数据分析相关的招聘简章,并对其中需要的专业技能做了粗糙分析,然后将这些技能需求与现有的各个高等院校相关专业的教学大纲做了简单对比。我们从中很容易可以看到,商业分析专业的教学课程设置存在较大问题。例如,关于人工智能相关课程设置的问题:一方面,市场对该领域人才具有巨大需求;另一方面,由于院校师资力量匮乏导致课程开设困难。而课程开设困难的另一个重要原因就是缺少相关教材,尤其是缺乏简单易懂、容易上手的教材。

如果想要使该项目能为同学们提供一流的、前瞻性的教育,该专业就必须开设与人工智能相关的课程。从技术实施角度看,与人工智能相关的课程至少有两个:一个是机器学习,另一个是深度学习。开设与机器学习相关的课程相对容易,因为这个学科历史悠久,理论丰富、完备,师资储备也相对充足。但是,开设与深度学习相关的课程就比较困难:一是国内相关领域的学者较少,各个大学的师资储备较为薄弱;二是这些领域的学者和教师大都集中在计算机学院、大数据学院、数学学院、统计学院等理工科学院,这些学院的学生群体都具有理工科背景,教师即使使用相对传统的教学方法也能达到良好的教学效果。然而,商业分析专业硕士项目面对的学生群体较为复杂,他们中的一部分人具有理工科背景,而另一部分人具有偏文科背景(如管理学、经济学、文学等),这些具有文科背景的同学也是商业分析专业硕士项目非常重要的学生群体,他们有着独特的跨领域优势。如果这部分学生群体也能快速上手深度学习,入门人工智能这一关键技术,我相信他们肯定会为相关的应用领域带来丰富多彩的可能性,这也是多学科交融的魅力所在!但是,要学习深度学习就必须要用 GPU,而调用 GPU 必须通过 TensorFlow 或者 PyTorch 完成。并且,任何一个编程框架都最好要有一定的 Python 基础。为了解决这个问题,北京大学光华管理学院的商业分析专业硕士项目为同学们准备了有关 Python 的前期课程,使 Python 基础学习不再是难事。除了商业分析专业硕士外,光华管理学院中还有很多 MBA 同学也想学习深度学习,他们中的大多数人没有任何 Python 基础,但也想通过学习这门课程，结合自己的工作经历思考如何在各种合适的商业场景下开拓人工智能应用的新领域。如何照顾这部分同学的需求，让他们也能享受深度学习的快乐，是值得我深思熟虑的问题。

基于以上原因，我下决心不仅要教这门课，还要写一本大家都能看懂、都能上手的关于深度学习的教材。但是，到底怎么学，怎么开发课程，怎么编写教材，我一开始真是一筹莫展。后来，在日本麻将平台上用深度学习算法打麻将的陈昱、北大信息科学学院的孙本元、中国人民大学统计学院的朱映秋等团队伙伴的帮助下，我终于收集到开发此课程所需的所有案例，并使案例中的所有代码都可以在 Jupyter Notebook 中实现。另外，我还对每一段代码做了详细的语音讲解，并将其一并加载在 Jupyter Notebook 里。之后，我将音频和 PPT 进一步整合，制作成教学视频，这些教学视频已被狗熊会的慕课平台收录。

通过开发以上提到的案例，我们团队里有 20 多人都可以上手深度学习了，大家都能写基于 Keras 的代码了，这给了我很大的信心，并尝试在 2019 年开课。第一次开课是给我们的 MBA 项目授课，面对专业背景不同的 40 多名同学，整个学习过程很辛苦，但同学们确实学到了很多东西，收获满满！可是，还有一个最大遗憾就是没有教材！很幸运的是，这时一直对深度学习具有极大兴趣的周静老师，愿意将我录制的音频转化成规范的文字，并在此基础上丰富理论基础，最后整理成适合作为教材的内容。

本书是整个团队集体努力的结果，有来自北京大学、中国人民大学、中央财经大学等多个院校的老师、同学付出的心血。没有一个强大的团队支撑，我是无法完成这个艰巨任务的。本书的写作逻辑与一般的深度学习教材不同。首先强调一点，深度学习仍然是一个关于 x 和 y 的回归分析问题。但是，它独特的地方在于，这里的 x 常常是高度非结构化的数据（如图像、文本）。在这个框架结构下，我们尝试去建立深度学习与普通回归分析的亲密联系，希望由此降低同学们学习的难度。从这里出发，同学们可以学习 TensorFlow、Keras，学习如何在它们的帮助下完成线性回归、逻辑回归；接着，再学习卷积神经网络、各种关键技术和各种有趣的应用。通过以上的学习方式，我们尝试在降低学习难度的同时，提高同学们的学习效果。

本书的完成要特别感谢周静老师，感谢她的接力支持。参与本书编写的成员还有（按姓名拼音顺序）：常象宇、陈昱、黄丹阳、刘进、鲁伟、马莹莹、潘文耕、潘蕊、任图南、孙本元、王菲菲、许可、朱雪宁、朱映秋。此外，还要感谢在书稿整理过程中付出辛苦劳动的高天辰、漆岱峰、向悦、谢贝妮等同学。最后，我想把这本书献给狗熊会的研究团队，是你们强有力的支持，我才完成了一个又一个看似不可能的任务；是你们的支持，我才具备了让数据科学教学变得更加有趣的能力。

目录

第 **1** 章 深度学习简介及 TensorFlow 安装

【学习目标】

通过本章的学习读者可以掌握:

1. 深度学习的基本概念;

2. 深度学习与人工智能、机器学习、回归分析之间的联系与区别;

3. 深度学习的开发环境, TensorFlow 和 Keras 的编程框架, 能够编写简单的入门代码。

了解:

1. 深度学习的发展历程;

2. 深度学习擅长的领域。

【导言】

对于深度学习, 大家是否充满好奇与恐惧? 好奇深度学习是什么, 恐惧深度学习背后复杂的算法。本章作为全书的开篇, 目的就是揭开深度学习的神秘面纱。

首先, 本章将从深度学习与人工智能、机器学习以及回归分析之间的联系与区别讲起。其实深度学习就是一个高度复杂的非线性回归分析方法, 在计算上相当不平凡。

其次, 本章将介绍深度学习的发展历程, 这里大家会看到很多为深度学习做出了杰出贡献的学者以及他们发明的经典模型。接着, 举例说明深度学习广泛应用的领域, 包括图像处理、语音识别、自然语言处理、棋牌竞技和视频处理等领域。

最后, 告诉读者深度学习的计算虽然复杂, 但这些复杂的计算已经形成了以 TensorFlow 为代表的非常成熟的计算框架。所以, 本章最后将介绍基于云端的 TensorFlow 安装流程, 帮助初学者快速上手。

1.1 机器学习、深度学习与人工智能

2016 年 3 月, AlphaGo(第一个击败人类职业围棋选手、第一个战胜围棋世界冠军的人工智

能机器人）的成功使人工智能成为媒体和人们关注的焦点，而实现人工智能的主要方法——深度学习也作为一个热词经常出现在大众视野。作为机器学习的一个分支领域，深度学习最近几年受到了越来越多的关注。究竟什么是深度学习？它与人工智能和机器学习有什么联系和区别？本节将介绍机器学习、深度学习和人工智能的概念及它们之间的关系。

1.1.1　机器学习

下面从机器学习的定义、机器学习的任务以及机器学习的分类 3 方面介绍机器学习。

1. 机器学习的定义

机器学习（Machine Learning）是指如果一个程序可以在任务 T 上，随着经验 E 的增加，效果 P 也可以随之增加，则称这个程序可以从经验中学习。这一定义由卡内基梅隆大学（Carnegie Mellon University）的汤姆·迈克尔·米切尔（Tom Michael Mitchell）教授在其 1997 年出版的《机器学习》（*Machine Learning*）一书中提出，该定义目前在学术界广泛使用。

2. 举例说明机器学习的任务

例如，设计一个机器学习算法来判断贷款客户是否违约的分类任务，这里的机器学习算法就是定义中的一个程序，贷款客户是否违约的分类任务就是任务 T。为了完成这个任务，需要搜集大量贷款客户的历史信息，并标注是否违约。在机器学习领域，这些历史信息称为训练数据（Training Data）。机器学习算法需要一些依据来判断客户是否违约，如过去的信用记录、贷款周期、贷款金额、消费记录等，这些称为特征（Feature）。将大量经过标注的客户信息传入到机器学习算法中，算法会学习特征和标注之间的关系，这样，识别未标注的客户是否为违约客户也就越有经验，这就是定义中所说的经验 E。最后，为了验证算法的经验是否有足够高的准确率，还会收集大量没有标注的客户数据，这部分数据称为测试数据（Testing Data），将测试数据输入机器学习算法中，得到的识别正确率就是定义中的效果 P。

3. 机器学习的分类

根据是否有标注数据，机器学习可以分为监督学习（Supervised Learning）和无监督学习（Unsupervised Learning），上述区分客户是否违约的案例属于典型的监督学习。以下简要对比两种学习形式的区别。

监督学习（Supervised Learning）是指从已标注的训练数据中学习如何判断数据的特征，并将其用于对未标注数据的判断的一种方法。简单而言，监督学习算法就是从训练数据集中学习到一个函数，当新的未标注的数据到来时，该函数能独立完成对相应特征的判断，从而给出未标注数据的一个标签。这种形式的学习主要用于分类和回归任务。常见的线性回归和逻辑回归就属于典型的监督学习。

无监督学习（Unsupervised Learning）不同于监督学习，它的学习算法是从未标注的训练数据中学习数据的特征。因此，无监督学习使用的很多方法都是基于数据挖掘的，主要特点就是寻求、总结和解释数据。例如，聚类分析就是典型的无监督学习。

实现机器学习的技术有很多，如神经网络、决策树、随机森林、支持向量机和深度学习等，虽然它们的设计思路不同，计算过程也不一样，但最终都是完成对特征的学习。然而，对于许多复杂的问题来说，特征提取并不是一件容易的事。因此，如何准确高效地自动提取实体中的特征（如图像）成为迫切的需要。深度学习就是这样一种方法，它可以区别传统的机器学习方法，自动地从数据中提取体征，并且在图像、语音和文本等非结构化数据上的效果要好于传统机器学习方法。

1.1.2 深度学习

下面将从深度学习的定义、深度学习的任务以及深度学习与机器学习的区别 3 个方面介绍深度学习。

1. 深度学习的定义

深度学习（Deep Learning）是一个复杂的机器学习算法，它的概念源于人工神经网络的研究，强调从连续的层（Layer）中学习。其中"深度"在某种意义上是指神经网络的层数，而"学习"是指训练这个神经网络的过程。

2. 举例说明深度学习的任务

例如，深度学习旨在模拟人的行为和思维方式，如学习、思考、推理等，让机器的行为看起来和人的智能行为一样，甚至超过人的智能行为；让机器像人一样听得懂语言，就是现在的语音识别技术，如社交软件中的语音转文字功能等。深度学习作为人工智能领域重要的技术之一，受到各行各业的青睐，它改变了计算机视觉以及自然语言处理领域，同时也以不同的方式帮助着人们。

3. 深度学习与机器学习的区别

深度学习与机器学习的最大区别在于二者提取特征的方式不同：深度学习具备自动提取抽象特征的能力，机器学习大多是人们手动选取特征和构造特征。

图 1.1 所示为一个例子，传统机器学习在进行图像分类时，需要根据图像的颜色、轮廓、范围等特征，提取相应的特征值，然后进行机器学习训练以得到结果。而深度学习则是通过对大量训练数据（这里就是图像）的学习，自动确定需要提取的特征信息，甚至还能获取一些人们想不到的特征组合来训练模型。将这些提取到的特征再经过类似机器学习算法中的模型更新等步骤，就可以得到令人满意的预测结果。

1.1.3 机器学习、深度学习和人工智能的关系

人工智能（Artificial Intelligence，AI）是一个主要研究如何制造智能机器或智能系统，借以模拟人类的智能活动，从而延伸人类智能的科学。具体来说，人工智能、机器学习和深度学习之间的关系可以用图 1.2 说明。人工智能涵盖的范围最广，要解决的问题也是最多的。机器学习则是在 20 世纪末发展起来的一种实现人工智能的重要手段。深度学习作为机器学习的一

个分支领域，拥有比经典机器学习算法更强大的功能，也是目前最主流的解决人工智能问题的技术，极大地促进了人工智能领域的发展。

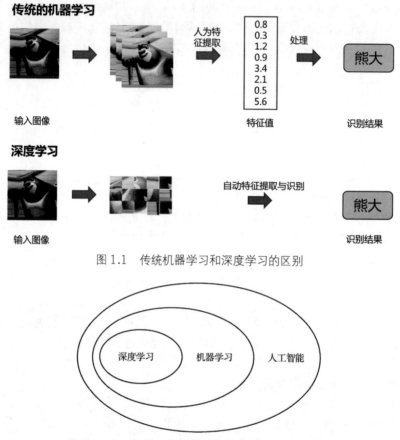

图 1.1　传统机器学习和深度学习的区别

图 1.2　人工智能、机器学习和深度学习之间的关系

1.2　深度学习与回归分析

深度学习是一个高度复杂的非线性回归方法。其本质上与我们熟悉的线性回归方法没有太多理论上的差别，但是在计算上是非常精巧和不平凡的。这里需要说明一点，真正的、非常重要的深度学习研究会非常复杂，而且会涉及很多不平凡的工程实现，这些都超出了本书的讨论范围。本节仅从回归分析的角度理解深度学习。

1.2.1　回归分析理论框架

回归分析是确定两种或两种以上变量间相互依赖的定量关系的一种统计分析方法，可以用如下公式表示。

$$Y = f(X, \varepsilon)$$

各参数的含义如下。

Y 是因变量。

X 是所有可能影响 Y 的因素，称为自变量。

ε 是噪声项。

f 是链接函数（Link Function）。

需要注意的是，尽管我们可以头脑风暴出很多 X，但总有一些 X 是想不到的，这些想不到的 X 统统被放到了噪声项 ε 里。对 f 不同的选择就产生了不同的模型，如果 f 是线性函数，这就是线性回归模型（Linear Regression Model）；如果 f 是非线性函数（但函数形式已知），这就是非线性回归模型（Non-Linear Regression Model）；如果 f 的函数形式完全不知道，这就变成了非参数回归模型（Nonparametric Regression Model）；如果 Y 是已知的，这就是一个监督学习模型（Supervised Learning Model）；如果 Y 是未知的，这就是无监督学习模型（Unsupervised Learning Model）。以上就是回归分析的基本理论框架。

1.2.2　深度学习与回归分析的联系

深度学习就是一个高度复杂的非线性回归模型，这是因为它完全符合上面所说的 $Y = f(X, \varepsilon)$ 的理论框架。在传统的回归分析中，通常要把 X 表示成向量或者矩阵的形式，换句话说，X 是一堆数字，每个数字都有具体的含义。而在深度学习中，X 很不一样，常常是非结构化的，一个非常典型的 X 就是图像数据，它是一个三维矩阵。

扫一扫

深度学习与回归
分析的联系

下面以图 1.3 所示的实际应用为例，阐述深度学习是如何被规范成回归分析问题的。这是一个通过对人脸识别来猜测年龄和性别的应用，首先 Y 很容易确定，就是年龄（或性别），而相应的 X 就是图像。

图像以像素的形式存储，像素越多，图像包含的信息越多，也就越清晰。如果用 Python 等语言将图 1.3 所示的图像读入，则这是一个 1 024 像素×1 024 像素×3 的原图，说明这张图像由 3 个 1 048 576 像素的矩阵组成，每个像素矩阵以 1 024 行 1 024 列的形式排列。之所以是 3 个像素矩阵，是因为光学知识告诉我们，白光可以被分解成红、绿、蓝（R、G、B）3 种基色，通过 R、G、B 3 种光的混合，能生成各种颜色。所以每一个像素点上的颜色其实是 3 种基色 R、G、B 混合而成的。

在传统回归分析中，X 要么是一维向量，要么是二维矩阵，而且有比较好的解读性。现在的 X 是一个三维矩阵，如果把三维矩阵拉直成向量或二维矩阵，之后再用回归模型进行分析，是否可以？答案是不可以，这样做会有以下两个缺点。

（1）拉直会破坏图像的结构。

（2）如此多的向量，每一个的具体含义都是不明确的，这给模型的解读带来很大挑战。

图 1.3　通过人脸猜测性别和年龄

　　因此，我们需要一种全新的非线性模型来表示这个回归问题，这个非线性模型就是神经网络。关于神经网络的知识将在第 2 章中详细介绍。

　　从建模的角度看，神经网络就是一个非线性回归模型，给定一个输入 X 就可以给出一个预测值 $\hat{Y} = f(X; \theta)$，这里的 θ 是待估参数。在实际应用中，构建的神经网络极其复杂，因此 θ 的维度也非常高，有的甚至多达上亿。参数 θ 的估计需要首先指定网络的目标函数，如回归问题中的平方损失、分类问题中的交叉熵损失（等价于极大似然函数）。给定损失函数关于参数的数学表达，就可以使用普通回归模型中的参数求解方法进行求解。

1.3　深度学习的发展历程

　　深度学习的发展历程可以分为 3 个阶段：萌芽期、发展期和爆发期。

1．萌芽期（20 世纪 40 年代～80 年代）

　　人们对神经网络的研究最早可以追溯到 20 世纪 40 年代。1943 年，美国神经生理学家沃伦·麦卡洛克（Warren McCulloch）和数学家沃尔特·皮兹（Walter Pitts）通过对生物神经元建模，首次提出了人工神经元模型，希望能够用计算机模拟人的神经元反应过程，该模型被称为 M-P 模型。到了 1958 年，罗森布拉特（Rosenblatt）提出了感知机算法，这是 M-P 模型第一次用于机器学习，这意味着经过训练后，计算机能够从样本中自动学习更新权值。这样，神经网络的研究迎来了第一次热潮。然而，科学发展的道路总是崎岖的，1969 年美国数学家及人工智能先驱明斯基（M.Minsky）等人指出单层感知机无法解决线性不可分问题，这使得神经网络的研究陷入了低谷。

2．发展期（20 世纪 80 年代～2011 年）

直到 20 世纪 80 年代，鲁姆哈特（Rumelhart）提出的适用多层感知机的反向传播算法（Back Propagation，BP）解决了线性不可分问题，才引起了神经网络的第 2 次热潮。BP 算法的提出使得神经网络的训练变得简单可行。到了 1989 年，被称为卷积神经网络之父的杨立昆[①]（Yann LeCun）利用 BP 算法训练多层神经网络并将其用于识别手写邮政编码，这个工作可以认为是卷积神经网络（Convolutional Neural Network，CNN）的开山之作。但是，该篇论文并未提及卷积的概念，真正标志 CNN 面世的是由杨立昆在 1998 年提出的 LeNet 模型，用于解决手写识别数字的视觉任务，自此便确定了 CNN 的基本框架结构：卷积层、池化层和全连接层。但遗憾的是，这个模型在后来的一段时间并未流行起来，主要原因有两个：一是 BP 算法被指出存在梯度消失问题，虽然杰弗里·辛顿（Geoffrey Hinton）等人提出了深层网络训练中梯度消失问题的解决方案，但是，由于没有特别有效的实验验证，因而在当时并未引起重视；二是当时的计算资源跟不上，加之其他算法，如支持向量机（Support Vector Machine，SVM）也能达到类似的效果，甚至更好，因此神经网络的研究陷入了第 2 次低谷。

3．爆发期（2011 年至今）

从 2011 年起，神经网络开始在语音识别和图像识别领域发挥压倒性优势，自此迎来了它的第 3 次崛起。这次崛起与第 2 次有很大的不同。在这个时期，硬件资源已经得到了很大的发展，研究人员通过高速的 GPU 并行计算，只需几天就可以完成深层网络的训练，大量数据的收集与训练已不再是问题。2012 年是卷积神经网络的爆发期，Hinton 课题组参加了 ImageNet[②]图像识别比赛，其构建的 CNN 网络 AlexNet 一举夺得当年的冠军，并且碾压第 2 名超过 10 个百分点，从此深度学习和卷积神经网络声名鹊起，后续的研究也如雨后春笋般出现。之后，在 2014 年，由牛津大学 VGG（Visual Geometry Group）提出的 VGG-Net 获得 ImageNet 竞赛定位任务的第 1 名和分类任务的第 2 名，该网络可以看成加深版的 AlexNet，高达十多层，同年分类任务的第 1 名则是被 Google 的 Inception 网络夺得。到了 2015 年，ResNet 横空出世，在 ILSVRC[③]和 COCO[④]大赛上横扫所有选手，获得冠军。2017 年，Google 提出的移动端模型 MobileNet 以及 CVPR 2017[⑤]的 DenseNet 模型在模型复杂度以及预测精度上又做了很多贡献。可以看出，在短短几年，卷积神经网络发展十分迅速。第 5 章和第 6 章将详细介绍这些经典的网络。图 1.4 为深度学习领域不同发展时期的关键节点。

[①] Yann LeCun 自称中文名字为杨立昆。
[②] ImageNet 是一个大型图像数据集，该项目于 2007 年由斯坦福大学华人教授李飞飞创办，其中用于 ILSVRC 计算机视觉大赛的数据集只有 120 万张图像，被分为了 1 000 类。
[③] ILSVRC（ImageNet Large Scale Visual Recognition Challenge），ImageNet 大规模视觉识别挑战赛。
[④] COCO（Common Objects in Context），常见物体识别，起源于微软在 2014 年出资标注的 Microsoft COCO 数据集。
[⑤] CVPR（Conference on Computer Vision and Pattern Recognition），世界顶级计算机视觉会议。

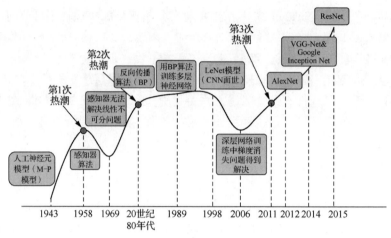

图 1.4 深度学习的发展历程

1.4 深度学习擅长的领域

如前所述，深度学习是近十年来人工智能领域取得的重要突破，它在计算机视觉、语音识别、自然语言处理、图像与视频分析、多媒体等诸多领域的应用取得了巨大成功。下面展示深度学习在图像处理、语音识别、自然语言处理、棋牌竞技和视频处理领域的一些实际应用案例，让大家初步感受深度学习在解决生活中实际问题的巨大魅力。

1.4.1 图像处理

图像处理（Image Processing）是指用计算机对图像进行分析，以达到所需结果的技术。下面主要介绍和图像处理密切相关的几个技术，分别是图像分类、目标检测和图像分割。这些技术在人脸识别、无人驾驶和医疗辅助诊断等方面的研究越来越深入，应用越来越广泛。

1. 图像分类

图像分类是计算机视觉的研究内容之一，是研究计算机如何像人类视觉系统一样，从数字图像或视频中理解其高层内涵的一门学科，简言之，就是研究如何让计算机看懂世界。例如，商家可以在商品附近摆放摄像头，通过捕捉潜在客户的面部影像识别客户的性别和年龄，从而帮助商户识别客户行为。再如，人脸解锁，通过终端设备（如手机），程序只需对比用户事先注册的照片与临场采集的照片，判断是否为同一人，即可完成身份验证。

2. 目标检测

目标检测是指能够识别出图像的目标并给出其位置。由于图像中的目标数是不定的，而且要给出目标的精确位置，因而目标检测相比分类任务更复杂。现实世界的很多图像通常包含不止一个物体，此时如果使用图像分类模型为图像分配一个单一标签是非常粗糙的，并不准确。

对于这样的情况，就需要目标检测模型。例如，图 1.5 中有猫有狗，目标检测就是要把这些"目标"识别并定位出来。在实际生活中，目标检测的一个重要应用场景是无人驾驶，如果能够在无人车上装载一个精确的目标检测系统，那么无人车就像人一样有了眼睛，可以快速识别并定位出前面行人或车辆的具体位置，从而做出是否避让的决策。

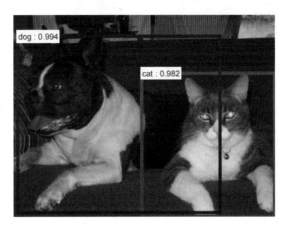

图 1.5 目标检测示例

3．图像分割

图像分割是指像素级地识别图像，即标注出图像中每像素所属的对象类别。例如，如图 1.6 所示，把道路上的行人切分出来。常见的图像分割还应用于无人驾驶、医学图像诊断、地理信息系统、机器人等。在无人驾驶中，需要为汽车增加必要的感知，以让它们了解自己所处的环境，使自动驾驶的汽车可以安全行驶。通过车载摄像头，或者激光雷达探查到图像后，将图像输入到模型中，后台计算机可以自动将图像分割归类，以避让行人和车辆等障碍。

图 1.6 图像分割示例

除了以上比较基础的图像处理技术外，利用深度学习还可以实现很多其他应用，如图像的神经风格迁移（Neural Style Transfer）、以图搜图、图像的超高分辨率重建以及图像合成。图

1.7 为图像的风格迁移，其中 A 图为原图，加上剩下 5 张图像的风格，就形成了独具特色的图像。图 1.8 展示了家具图的生成，通过对现有图像或全新图像进行有针对性的修改，对现有的图像增加、修改和删减内容，生成全新的图像。

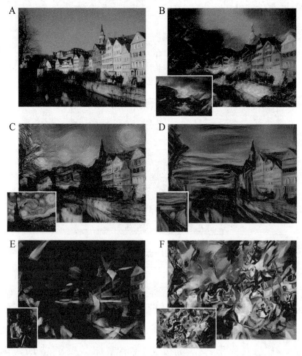

图 1.7　风格迁移示例

图 1.8　图像合成示例

1.4.2　语音识别

语音识别，就是让机器通过识别和理解语音信号，将语音转换为相应的文本或命令的技术。语音识别是日常生活中比较常见的深度学习应用，图 1.9 为苹果公司的 Siri、阿里巴巴公司的天猫精灵智能音箱和科大讯飞公司的智能语音产品。例如，Siri 收到一段语音信号后，可以通过内置的模型和算法将语音转换为文本，并根据语音指令给出反馈。

图 1.9　从左到右为 Apple Siri、天猫精灵、科大讯飞语音输入法

与此同时，语音识别也在车载系统、医疗、军事领域发挥了巨大的应用价值。具有语音识别的车载导航系统，可以使驾驶者通过语言与 GPS 导航系统交互，极大地提高行车的安全性和 GPS 导航系统的易用性。在医疗领域，医生可以通过智能手环来追踪病人的运动情况和心率，还可以根据病人的身体状况匹配相应的服务，如合适的餐厅等。这些应用大多基于可穿戴设备。在军事领域，将语音识别技术应用于航空飞行控制，可快速提高作战效率和减轻飞行员的工作负担。利用语音输入来代替传统的手动操作和控制各种开关和设备，可以使飞行员把时间和精力集中于对攻击目标的判断和完成其他操作上来，以便更快获得信息来发挥战术优势。同时，随着移动互联网技术的不断发展，尤其是移动终端的小型化、多样化发展趋势，语音识别作为区别于键盘、触屏的人机交互手段之一，已逐渐在智能家居、智能车载、语音助手、机器人等领域迅猛发展。随着语音识别模型算法能力的不断提高，相信在未来很长一段时间内，语音识别系统的应用将更加广泛与深入。

1.4.3　自然语言处理

自然语言处理，就是让计算机具备处理、理解和运用人类语言的能力。对于机器来说，没有语言，人工智能永远都不够智能。所以，从这个角度来说，自然语言处理代表了深度学习的最高任务境界。近年来，如火如荼的深度学习技术有效推动了自然语言处理技术的发展，其应用领域包括文本分类、情感分析和机器翻译等。

1. 文本分类

文本分类是指通过计算机对文本按照一定的分类体系或标准自动分类标记。它有很多应用实例，例如，垃圾邮件过滤，即将电子邮件文本分类为垃圾邮件和正常邮件；语言识别，对源文本的语言进行分类；体裁分类，对小说故事体裁进行分类等。在传统方法中，文本分类问题可以拆分成特征工程提取和分类器两部分。研究人员从文档中提取能反映文档主题的特征，然后利用这些特征构建分类器来对文档进行分类。例如，在探讨红楼梦的前 80 回和后 40 回是否为一个人所写时，实际上就是通过提取大量的文本特征来判断前 80 回和后 40 回是否属于两个不同的类别。

2．情感分析

情感分析是指对带有情感色彩的主观文本进行分析、处理、归纳和推理的过程。它是自然语言处理中的另一个重要应用。例如，想要知道消费者对一件商品的态度是"积极的"，还是"消极的"，可以从他的评论中得知。如果消费者的评论是"这件衣服太漂亮了，我非常喜欢"，通过情感分析，可以知道他的态度是积极的。这对商家来说是非常重要的信息，商家可以从消费者的评论中获取他们对产品的态度，从而改进产品。

3．机器翻译

机器翻译，是指将文本或语音从一种语言自动翻译为另外一种语言，它是自然语言处理领域最重要的应用之一。例如，将文本从法语翻译成英语，将西班牙语音频翻译成德语文本，将英语文本翻译成意大利语音频等。当然，对于博大精深的自然语言处理来说，机器翻译仅是一个小方向，除此之外，自然语言处理还包括很多有趣的研究与应用方向，如句法语义分析、文本挖掘、信息检索、问答系统等。

1.4.4 棋牌竞技

深度学习除了能让机器会看、会听、懂语言之外，还能让机器学会下棋。说到计算机下棋，最著名的莫过于 Google 旗下公司 DeepMind（由人工智能程序师兼神经科学家戴密斯·哈萨比斯等人联合创立的人工智能企业）的 AlphaGo 项目了。2016 年 3 月，AlphaGo 与世界围棋冠军、职业九段棋手李世石进行人机大战，最终以 4:1 的总比分获胜；2017 年 5 月，在中国乌镇围棋峰会上，它与排名世界第一的世界围棋冠军柯洁对战，以 3:0 的总比分获胜；2017 年 10 月 18 日，DeepMind 团队公布了最强版阿尔法围棋，机器人的代号为 AlphaGo Zero。AlphaGo Zero 强势打败了此前战胜李世石的旧版 AlphaGo，战绩是 100:0。经过 40 天的自我训练，AlphaGo Zero 又打败了 AlphaGo Master 版本。

AlphaGo 是如何应用深度学习下棋的？下过棋的朋友都知道，在对弈时，理想状态下，任意时刻需要根据棋盘上的当前局势做出最优落子决策，直到赢得棋局为止。所以，基于深度学习的下棋问题可以归纳为：根据棋盘的当前状态，给出一个最优落子决策。对于围棋来说，最优的落子方法就是使得最终获胜概率最大的一招。围棋比较复杂，是否对任意一个状态都存在一个最优一招是一个问题，而 AlphaGo 需要做的就是，给出一个比人类最终胜利的概率更大的一招棋就可以。

1.4.5　视频处理

视频处理是指在计算机上播放和录制视频后，将其复制到计算机，然后使用视频和音频剪辑工具进行编辑、剪辑，增加一些很普通的特效效果，使视频的观赏性增强的技术。和图像识别类似，视频可以看成是动态的图像组合，因此，视频处理从任务和技术上，与图像识别并无大的差别。视频处理可以告诉我们视频中大致的主体内容，如果想要知道视频中更细节的内容，如商标或者里面的人物，就必须定位物体在视频中的位置。进一步，如果能够做到分割（语义级别的分割），就可以知道视频中每像素会发生什么事情，越是细致的信息就越有价值和想象空间。例如，要在视频中插播广告，就可以通过分割来找到合适的位置插入相匹配的广告内容。

视频处理还可以进行面部识别。例如，在零售行业，智能视频监控可以识别进入商店行窃的惯犯。现在大多数面部识别系统可以在 7s 内通过移动设备通知安全人员。例如，在体育场馆、音乐会和其他大型活动中，可以通过扫描分析每个人的面部，进行身份识别，以保证场所及活动的安全性。

1.5　安装 TensorFlow

目前有不少深度学习的基础框架，如 TensorFlow、PyTorch、MXNet 等，其中，大多数框架提供 Python 或者 C/C++的接口。基于这些基础框架，还有一系列上层应用提供更加便捷的深度学习功能实现，其中以 Keras 最为著名。本书选择使用 TensorFlow 和 Keras 来介绍深度学习。在使用 TensorFlow 框架实现深度学习算法之前，必须获取并将其安装在本地计算机上，本节将介绍 TensorFlow 的安装。

1.5.1　TensorFlow 和 Keras 简介

TensorFlow 由 Google 公司开发并开源，是一个采用计算图（Computational Graph）来计算数值的开源软件库，它也是目前使用最广泛的实现机器学习及其他涉及大量数学运算的算法库之一。TensorFlow 的核心思想在于将计算过程表示为一个有向图，这个有向图即模型的计算图。在这个计算图中，每一次运算操作称为一个节点（Node），不同节点之间的连接称为边（Edge）。数据以张量（Tensor）的形式在计算图中流动（Flow），这也是这个计算框架命名为 TensorFlow 的原因。

Keras 则是现在非常流行的深度学习模型开发框架，是用 Python 编写的，语法简洁，封装程度高，只需十几行代码就可以构建一个深度神经网络，其中 Keras 大部分功能已经并入 Tensorflow 框架中。Keras 在 GPU 上运行时，TensorFlow 封装了一个高度优化的深度学习运算库，叫作 NVIDIA CUDA 深度神经网络库。本书所有的代码框架都将基于 TensorFlow 和 Keras。

TensorFlow 的安装并不复杂，下面以在 Ubuntu（Linux 系统的一个发行版）系统环境下，基于 Anaconda3 的 5.2 版本的安装为例进行介绍。

1.5.2 硬件环境准备

要想运行大型深度学习模型，优秀的硬件系统环境是必不可少的，一般而言，TensorFlow 可以通过如下 3 种方式训练。

（1）使用 CPU 训练。

（2）使用 GPU 训练。

（3）使用云端 GPU 训练。

第（1）种方式，如果在普通的 CPU 上训练，我们可能需要数十天甚至数月才能获得结果，效率非常低。因此许多现代深度学习算法的实现都是基于图形处理器（Graphics Processing Unit，GPU，通常称为显卡）。所以第（2）种方式，采用 GPU 进行训练是比较常见的，此时需要一款合适的显卡。在此，强烈推荐 NVIDIA GPU。NVIDIA 是目前唯一一家在深度学习方面大规模投资的图形计算公司，现代深度学习框架只能在 NVIDIA 显卡上运行。

配置最新的高端 NVIDIA GPU 是比较昂贵的，因此本书推荐第（3）种方法，在云端运行深度学习实验，这是一种简单又低成本的方法，无须购买硬件就可以上手。现在市面上有很多公司提供这种云服务，如阿里云、腾讯云等。购买 GPU 云服务后，我们就可以在工作站或笔记本计算机上使用这项服务。需要注意的是，云服务的操作系统需要选择带 GPU 驱动的操作系统镜像，通常会选择 Linux 作为服务器终端操作系统，通过 SSH 等远程工具进行访问和配置。另外还需注意 TensorFlow 等后端的安装需要选择 GPU 版本。本书接下来的所有安装讲解都是基于阿里云环境，具体硬件配置如下。

GPU：NVIDIA P100。

内存：32GB。

硬盘：SSD。

1.5.3 软件环境准备

目前 TensorFlow 最简便的安装方法是使用 Anaconda。Anaconda 是一个打包的集合，里面预装了 Conda、某个版本的 Python、众多 Packages、专业的科学计算工具等。其中 Conda 可以理解为一个工具，或是一个可执行命令，其核心功能是包管理与环境管理。简而言之，Anaconda 是目前较好的科学计算的 Python 环境，方便了安装，也提高了性能，所以强烈建议安装 Anaconda。本书所有章节默认使用 Anaconda 作为 TensorFlow 的 Python 环境。

（1）安装显卡驱动，在一台 Ubuntu 系统上，可以使用命令：

```
sudo apt install nvidia-384
```

（2）查看显卡状态，成功安装驱动并重启系统后，在控制台输入命令：

```
nvidia-smi
```

对于其他系统来说，安装 TensorFlow 前只要保证 nvidia-smi 命令有正确的返回结果即可。注意，使用 Anaconda 安装时，不需要手动安装 CUDA，Anaconda 会自动选择匹配的版本，这会节省大量的时间。使用 nvidia-smi 命令显示的 GPU 状态如图 1.10 所示。

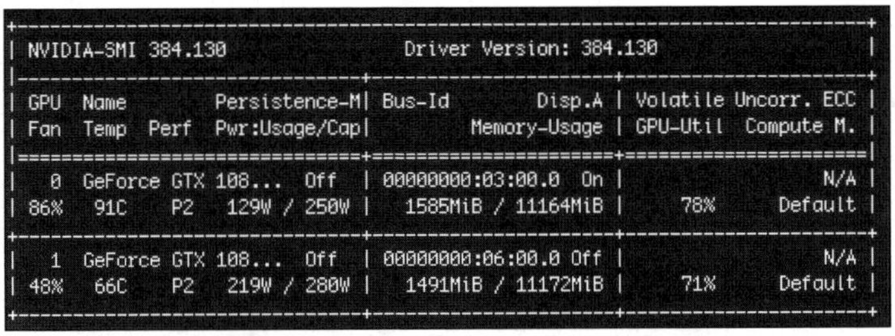

图 1.10　nvidia-smi 命令显示 GPU 状态

1.5.4　安装 Anaconda

首先从 Anaconda 的官方网站或者国内镜像站点（如清华镜像）下载 Anaconda 软件包。本书在写作时，最优的选择是 Anaconda3 的 5.2 版本，对应预装 Python 3.6 及相关软件包。Linux 环境下的安装包可以从相应的网站下载。

安装 Anaconda 的步骤相对简单，直接在命令行进入下载目录，并输入：

```
bash Anaconda3-*.sh
```

其中，Anaconda3-*.sh 与下载文件名对应。在安装过程中，分别需要输入 Anaconda 根目录（默认即可）以及是否加入环境变量（选"是"）。成功安装后，在新建的命令行窗口中输入命令 conda，可以看到图 1.11 所示的用户提示。Anaconda 的具体使用方法可以参考官方提供的说明文件。

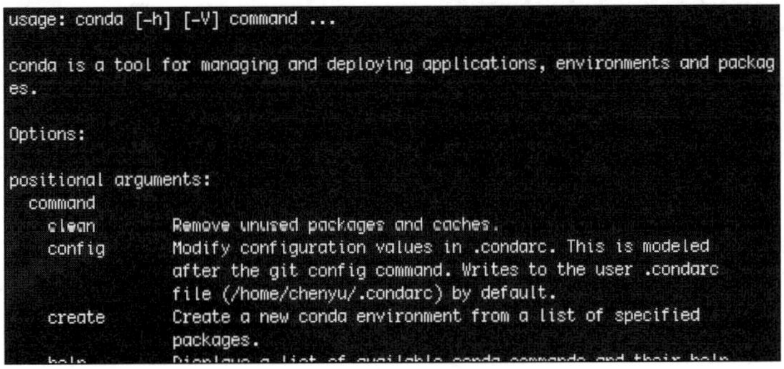

图 1.11　conda 命令的提示

15

1.5.5 安装 TensorFlow 及 Keras 软件包

在 Anaconda 环境下，安装 TensorFlow 及 Keras 相对容易，其安装步骤如下。

（1）安装 TensorFlow 只需在命令行输入 conda install tensorflow-gpu（或者 conda install tensorflow），其中，输入 tensorflow-gpu 会自动安装 CUDA 等 GPU 依赖。Anaconda 自动解析环境以后，会提示确认安装，这时输入 y 即可。图 1.12 所示为安装过程。

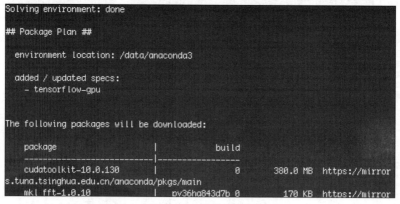

图 1.12　安装过程

（2）为了验证是否正确安装环境并可以使用 GPU 加速计算，只需要在命令行输入 python，并输入以下测试语句。

```
import tensorflow as tf
sess = tf.Session()
```

创建 session 后，屏幕会输出一些日志信息，如图 1.13 所示，这些信息不是报错。同时在新建终端输入 nvidia-smi 可以看到 GPU 显存的占用，说明 TensorFlow 已经可以成功使用 GPU。

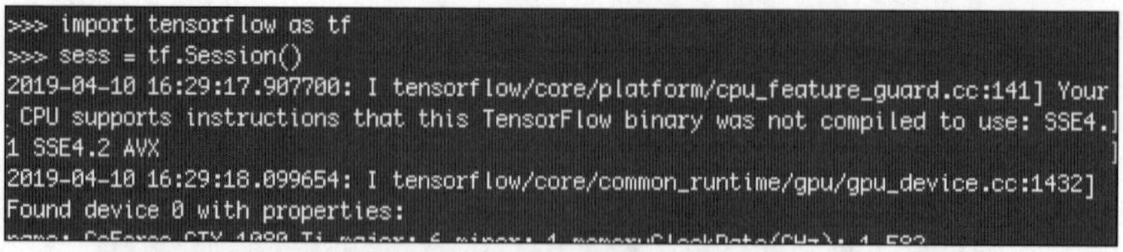

图 1.13　测试语句输出示意图

（3）下面通过一段简单的 Python 代码演示如何使用 TensorFlow。

在这个示例中，首先要 import TensorFlow 类库，把它命名为 tf，这是所有要使用 TensorFlow 的第一必要步骤。然后用 tf.constant 创建一个一维向量。在 Python 的语法中，函数的调用为"库名.函数名"。将这个向量命名为 a，现在对 a 向量求和，在 TensorFlow 中，可以用 reduce_sum 实现对向量的求和运算。接下来需要用 TensorFlow 中的会话（Session）来执行定义好的计算（即向量的求和运算）。具体使用方法是：通过 Session 类的 Session() 函数创建会话类实例，然后 run()函数运行一个会话，最后通过 Session 类的 close()函数关闭会话并释放资源。具体代码如下。

```
import tensorflow as tf
a = tf.constant([3,4,1,5])
suma = tf.reduce_sum(a)
session = tf.Session()
print(session.run(suma))
session.close()
```

执行这个示例，打印出来的结果为 13，即 3+4+1+5=13。这个示例虽然简单，但是很好地展示了 TensorFlow 的符号表达，以及深度学习所需的向量运算。

（4）TensorFlow 作为快速数值计算库，广泛应用在深度学习项目的研究与开发中。这个库虽然强大，但是在实际应用中直接使用是非常困难的。因此，接下来将介绍构建在 TensorFlow 上，能够用来快速创建深度学习模型的 Python 类库——Keras。安装 Keras 只需在命令行输入：

```
conda install keras
```

至此，基于 Ubuntu 系统环境下，TensorFlow 和 Keras 的安装完成。

1.5.6　Jupyter Notebook 运行深度学习

Jupyter Notebook 是运行深度学习的好方法，特别适合运行本书的许多代码示例。它广泛应用于数据科学和机器学习领域。Jupyter Notebook 是一款基于网页的用于交互计算的应用程序，可应用于全过程计算：开发、文档编写、运行代码和展示结果。简而言之，Jupyter Notebook 是以网页的形式打开，可以在网页中直接编写和运行代码，运行结果也会直接显示出来。

作为一款优秀的交互式应用程序，Jupyter Notebook 有很多优点，如在编程时具有语法高亮、缩进、tab 补全功能，支持 Markdown、Latex 等语法，可以以 HTML、PNGT 多种形式展示计算结果，界面非常友好。例如，把 1.5.5 节步骤（3）那段 TensorFlow 代码在 Jupyter Notebook 中展示，如图 1.14 所示。

Jupyter Notebook 的安装也非常简单，因为前面已经安装了 Anaconda，它已经自动安装了 Jupter Notebook 及其他工具，所以直接启动即可。可以在服务器终端输入以下命令启动 Jupyter Notebook 网页版。

```
jupyter notebook
```

执行命令之后，在终端将会显示 notebook 的一系列服务器信息，同时浏览器会自动启动 Jupyter Notebook。浏览器地址栏默认显示 http://localhost:8888。其中，localhost 是指本机，8888

则是端口号。如果使用了 GPU 服务器，那么 localhost 会显示相应的 IP 地址。执行完启动命令之后，浏览器进入 Notebook 的主页面，如图 1.15 所示，注意，大家的页面会和图 1.15 展示的有所不同。关于 Jupyter Notebook 的使用，可以参照官方文档的使用说明。

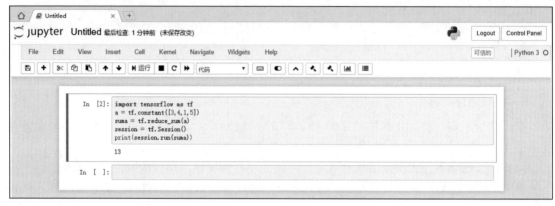

图 1.14　Jupyter Notebook 代码展示

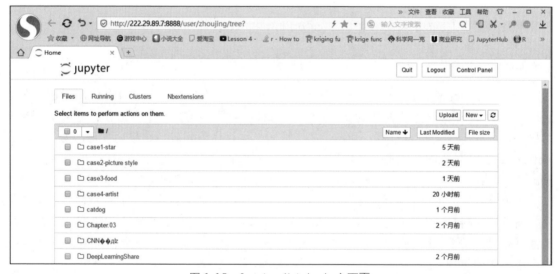

图 1.15　Jupyter Notebook 主页面

课后习题

1. 通过对本章的学习，你认为深度学习崛起的原因有哪些？
2. 深度学习与机器学习的区别是什么？

3．除了本章提到的深度学习擅长的领域，请查阅相关资料，了解深度学习还在哪些领域见长。

4．尝试在 Ubuntu 系统环境中安装 TensorFlow 和 Keras。

5．编写一段 Python 代码用于计算两个矩阵相加。

6．对于本章的观点：深度学习可以看成是一种高度复杂的非线性回归，你是如何理解的？可否举 1～2 个生活中的例子加以说明？

第 2 章　神经网络基础

【学习目标】

通过本章的学习，读者可以掌握：

1．M-P 模型、感知机模型和多层感知机模型的结构；

2．Sigmoid、Tanh 和 ReLU 激活函数的定义与区别；

3．反向传播算法的原理；

4．神经网络过拟合的处理方法。

了解：

1．神经网络模型的发展历程；

2．神经网络的梯度下降算法。

【导言】

早期的深度学习受到了神经科学的启发，它们之间有着非常密切的联系，当我们说深度学习时，其实是指深度神经网络的学习。因此在介绍深度学习技术之前，首先要了解神经网络的相关知识。

本章将从神经网络模型出发，介绍 3 种经典的神经网络模型结构，分别是 M-P 模型、感知机模型和多层感知机模型。以此为基础，重点讲解输入层、隐藏层、输出层、权值、偏置和激活函数等概念，理解并掌握这些概念对后续学习深度学习非常重要。

其次，在掌握神经网络模型结构的基础上，介绍神经网络的训练过程，这既是本章的重点，也是难点。为此读者需要了解必要的算法知识，包括前向传播、梯度下降和反向传播算法。有了这些预备知识，读者可以清晰地理解神经网络的整个训练流程。

最后，神经网络在训练过程中常常会产生过拟合的问题，本章会介绍过拟合产生的原因及常用的解决办法，具体介绍正则化和 Dropout 两种解决方法。有关神经网络的编程实践，将在第 3 章讲解。

2.1　神经网络模型

神经网络（Neural Networks，NNs）是一种模仿人类神经元之间信息传递的数学算法模型。本节将介绍 3 种经典的神经网络模型，分别是 M-P 模型、感知机模型和多层感知机模型。

2.1.1　M-P 模型

M-P 模型是首个模拟生物神经元的结构和工作原理构造出来的一个抽象和简化了的数学模型。它由心理学家沃伦·麦卡洛克（Warren McCulloch）和数理逻辑学家沃尔特·皮兹（Walter Pitts）在 1943 年提出并以二人的名字命名。简而言之，该模型旨在模拟从多输入到单输出的信息处理单元。图 2.1 所示为一个最简单的 M-P 模型。

结合图 2.1，对于某一个神经元 j，它可能同时接受了许多个输入信号，用 x_i 表示，而这些输入信号对神经元的影响是不同的，用权值 w_{ij} 表示，θ_j 为阈值（Threshold），y_j 为神经元 j 的输出，函数 $f()$ 称为激活函数[①]（Activation Function）。当输入信号被送往神经元时，会被分别乘以固定的权重（例如，$w_{1j}x_1$，$w_{2j}x_2$），神经元会计算传送过来的信号总和，只有当这个总和超过了阈值 θ_j 时，神经元才会被激活，否则不会被激活。

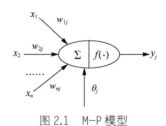

图 2.1　M-P 模型

M-P 模型的工作原理可以解释为以下 3 个步骤。

（1）神经元接受 n 个输入信号。

（2）将输入与权值参数进行加权求和并经过激活函数激活。

（3）将激活结果作为结果输出。

由于 M-P 模型的参数可以人为设置并且缺乏学习机制，因此，以 M-P 模型为基础，学者们开发出了后来的感知机模型，这也是最简单的神经网络模型。

2.1.2　感知机模型

感知机（Perceptron）模型是由美国心理学家弗兰克·罗森布拉特于1957 年提出的一种具有单层计算单元的神经网络。该模型旨在建立一个线性超平面来解决线性可分问题。它的基本结

[①] 激活函数实现的就是非线性变换，2.2 节将详细讲解激活函数的知识。

构如图 2.2 所示。图 2.2 表示一个只有两个输入神经元和一个输出神经元的单层感知机结构。

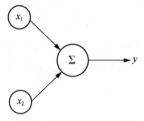

图 2.2　单层感知机结构

1．感知机学习机制

与 M-P 模型的人为设定参数值不同，感知机模型可以通过对样本数据的训练自动获得对参数更新的结果。罗森布拉特教授给出了感知机模型的学习机制，其过程可以概括如下。

（1）准备训练样本和初始化权值参数。

（2）加入一个训练样本，并计算实际输出值。

（3）比较实际输出值和期望输出值的大小，如果相同，则参数不变；如果不同，则需要修正误差和调整参数大小。具体地，若实际输出值小于期望值，则增加相应的权重；若实际输出值大于期望值，则减少相应的权重。

（4）对每个训练样本重复步骤（3），直到计算的误差为 0 或者小于某个指定的值。

2．感知机运行原理

下面以图 2.2 展示的单层感知机为例，介绍感知机的运行原理。

假设 x_1，x_2 是输入信号，w_1，w_2 是权重，控制输入信号的重要性，y 是输出信号，在感知机中，只有两种输出，其中，0 代表"不传递信号"，1 代表"传递信号"。当输入信号被送往神经元时，分别乘以各自的权重，然后加总，如果总和超过阈值 θ，则 y 的输出为 1，否则为 0。上述内容可以用式（2.1）表示。

$$y = \begin{cases} 0 & w_1x_1 + w_2x_2 \leqslant \theta \\ 1 & w_1x_1 + w_2x_2 > \theta \end{cases} \tag{2.1}$$

进一步，如果将 θ 表示为 $-b$，那么式（2.1）可以改写为式（2.2）。

$$y = \begin{cases} 0 & b + w_1x_1 + w_2x_2 \leqslant 0 \\ 1 & b + w_1x_1 + w_2x_2 > 0 \end{cases} \tag{2.2}$$

通常把 b 称为偏置（Bias），作用是调节神经元被激活的容易程度。式（2.2）可以改写成更加简洁的形式，用函数 $f(x)$ 表示 y 的输出动作（超过 0 输出 1，否则输出 0），于是式（2.2）改写成式（2.3）和式（2.4）。

$$y = f(b + w_1x_1 + w_2x_2) \tag{2.3}$$

$$f(x) = \begin{cases} 0 & (x \leqslant 0) \\ 1 & (x > 0) \end{cases} \tag{2.4}$$

在式（2.3）中，输入信号的总和会被函数 $f(x)$ 转换，转换后的值就是输出 y。式（2.4）表示的函数 $f(x)$，当输入超过 0 时，输出 1，否则输出 0。因此，式（2.2）～式（2.4）做的是相同的事情。其中函数 $f(x)$ 就是激活函数（2.2 节将详细讲解有关激活函数的知识）。

3．感知机模型的局限性

这种只有输入层和输出层的感知机模型在发展几年后遇到了一些局限，它仅对线性问题具有分类能力。为什么感知机只可以解决线性问题？这是由它本身模型设定决定的，根据式（2.2），当参数 w_1，w_2 和 b 已知时，式（2.2）表示的感知机会生成由直线 $b + w_1x_1 + w_2x_2 = 0$ 分割开的两个空间，其中一个空间输出 1，另一个空间输出 0，而该直线就是二维输入样本空间上的一条分界线。它只能表示由一条直线分割的空间，而对由曲线分割而成的非线性空间却无能为力。为了解决单层感知机模型的线性不可分问题，人们提出了多层感知机模型。

2.1.3　多层感知机模型

多层感知机模型（Multilayer Perceptron，MLP），就是在输入层和输出层之间加入了若干隐藏层，以形成能够将样本正确分类的凸域，使得神经网络对非线性情况的拟合程度大大增强。具有一个单隐层的多层感知机模型的拓扑结构如图 2.3 所示，我们把最左边一列称为输入层，最右边一列称为输出层，中间一列称为隐藏层，其中隐藏层的神经元是肉眼无法看到的。需要说明的是，在统计神经网络的层数时，输入层一般是不计入层数的。通常，我们将除去输入层之后的神经网络从左至右依次计数得到的总层数，称为神经网络的最终层数。因此在图 2.3 中，把输入层记为第 0 层，隐藏层记为第 1 层，输出层记为第 2 层。所以，图 2.3 是一个两层神经网络。

图 2.3 也被称为全连接神经网络。全连接是指神经网络模型中，相邻两层单元之间的连接使用全连接方式，即网络当前层的单元与网络上一层的每个单元都存在连接。

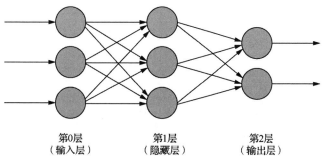

第0层　　　第1层　　　第2层
（输入层）　（隐藏层）　（输出层）

图 2.3　具有一个单隐层的多层感知机模型的拓扑结构

随着隐藏层的增加，多层感知机模型可以解决更复杂的分类问题。多层感知机虽然是非常理想的分类器，但是它的实现充满难度和挑战。面临的问题是隐藏层的权值无法训练，因为对于隐藏层的各个节点，它们并不存在期望的输出值，所以使用单层感知机模型的学习机制来训练多层感知机模型是无效的。

直到 20 世纪 80 年代，戴维·鲁姆哈特（David Rumelhart）和詹姆斯·麦克莱兰（James L.McCelland）在 1986 年发表了《并行分布式处理》，其中对具有非线性连续变换函数的多层感知机的反向传播（Back Propagation，BP）算法进行了详尽的分析，才实现了对多层感知机模型的训练，这将在 2.3 节详细介绍。

2.2 激活函数

激活函数就是指非线性变换。例如，式（2.4）表示的激活函数以阈值为界，一旦输入超过阈值，就切换输出，这样的函数称为"阶跃函数"。因此，可以说感知机模型使用了阶跃函数作为激活函数。

激活函数在神经网络中具有非常重要的作用，如果没有激活函数，多层的神经网络是没有意义的。这是因为，在进行层之间的连接时，实际上是在做一个线性组合，到下一层时依然是上一层节点的线性组合，而线性组合的线性组合依然是线性组合，这实际上与只用单层神经网络是没有区别的。所以，如果对线性组合的结果施加一个非线性变换，就为神经网络各层之间的连接方式提供了一种非线性的变换方式，而非线性变换打破了"线性组合的线性组合"这样一种循环，多层神经网络相比于单层网络有了更丰富的函数形式。

为了保证神经网络的灵活性和计算的复杂度，激活函数的设置一般不会太复杂。本节主要介绍 Sigmoid、Tanh 和 ReLU 3 个常用的激活函数，还有很多其他的激活函数，如 Leaky ReLU、ELU、CReLU、SELU、ReLU6、SoftPlus、SoftSign 等，在此不做介绍。

2.2.1 Sigmoid 激活函数

Sigmoid 激活函数的定义如下。

$$\text{Sigmoid}(x) = \frac{1}{1 + e^{-x}}$$

其导数为

$$\text{Sigmoid}'(x) = \frac{e^{-x}}{(1 + e^{-x})^2}$$

图 2.4 为 Sigmoid 激活函数的图像及其导数。从图 2.4 中可以看出，Sigmoid 函数是以 S 形分布输出为 0~1 的数。

TensorFlow 通过函数 tf.nn.sigmoid(x, name=None)实现 Sigmoid 激活函数，使用示例如下。

```
import tensorflow as tf
t = tf.constant([[1,2],[2,0]],tf.float32)
result = tf.nn.sigmoid(t)
```

```
session = tf.Session()
print(session.run(result))
```

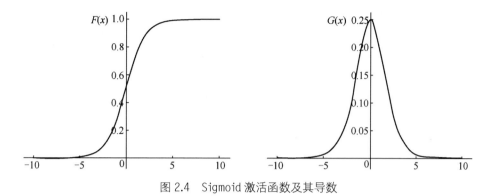

图 2.4　Sigmoid 激活函数及其导数

输出结果为：

```
[[0.7310586 0.880797]
 [0.880797  0.5      ]]
```

2.2.2　Tanh 激活函数

Tanh 激活函数的定义如下。

$$\text{Tanh}(x) = \frac{1 - e^{-2x}}{1 + e^{-2x}} = \frac{2}{1 + e^{-2x}} - 1$$

其导数为

$$\text{Tanh}'(x) = \frac{4e^{-2x}}{(1 + e^{-2x})^2} = 1 - (\text{Tanh}(x))^2$$

图 2.5 为 Tanh 激活函数及其导数的图像。可以看到 Tanh 是一个双曲正切函数，取值为-1～1。

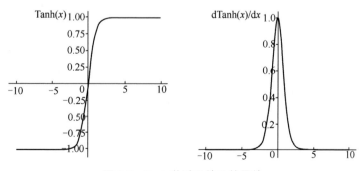

图 2.5　Tanh 激活函数及其导数

TensorFlow 通过函数 tf.nn.tanh(x, name=None)实现 Tanh 激活函数，使用示例如下。

```
import tensorflow as tf
t = tf.constant([[1,2],[2,0]],tf.float32)
result = tf.nn.tanh(t)
session = tf.Session()
print(session.run(result))
```

输出结果为：

```
[[0.7615942 0.9640276]
 [0.9640276 0.        ]]
```

2.2.3　ReLU 激活函数

ReLU 激活函数的定义如下。

$$\mathrm{ReLU}(x) = \max(x,0) = \begin{cases} x, & x \geq 0 \\ 0, & x < 0 \end{cases}$$

其导数为

$$\mathrm{ReLU}'(x) = \begin{cases} 1, & x \geq 0 \\ 0, & x < 0 \end{cases}$$

图 2.6 为 ReLU 激活函数及其导数的图像。可以看到 ReLU 函数的取值范围为 $0 \sim \infty$，其导数取值为 0 和 1。

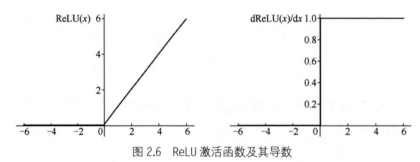

图 2.6　ReLU 激活函数及其导数

TensorFlow 通过函数 tf.nn.ReLU(x, name=None)实现 ReLU 激活函数，使用示例如下。

```
import tensorflow as tf
t = tf.constant([[1,2],[2,0]],tf.float32)
result = tf.nn.relu(t)
session = tf.Session()
print(session.run(result))
```

输出结果为：

```
[[1. 2.]
 [2. 0.]]
```

相比于 Sigmoid 函数和 Tanh 函数，ReLU 函数被证明可以提供更好的结果。如图 2.6 所示，ReLU 函数在正半轴和负半轴都是线性的，仅把零点当作拐点。ReLU 有非常好的计算性质，它在正负半轴的一阶导数都是常数，并且认为负数没有信息，这会产生稀疏特征，带来稳定的输出结果（因为所有的负数都变成同样一个形式，不再区分）。进一步讲，在非参数统计学中，这是一种特殊的样条函数形式，只要有足够多的函数的线性组合，它就可以任意逼近任何充分光滑的、线性的或者非线性的函数，也就是说，相应的全连接层的函数形式可以是不一般的非线性，这就是 ReLU 的神奇之处。

2.3　神经网络的训练

神经网络的训练是指从训练数据中自动获取最优权重参数的过程，通常分为两个阶段：第 1 阶段先通过前向传播算法计算得到预测值，并计算预测值与真实值之间的差距（该差距也称为损失函数）；第 2 阶段通过反向传播算法计算损失函数对每一个参数的梯度，使用合适的梯度下降算法对参数进行更新。要掌握神经网络训练的基本流程，就必须有一些预备知识，因此本节还将介绍前向传播算法、损失函数、梯度下降算法和反向传播算法。

2.3.1　神经网络的训练流程

神经网络的训练及参数更新的全部过程，可以用图 2.7 所示的流程图表示。

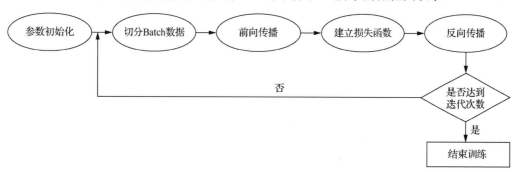

图 2.7　神经网络训练及参数更新过程

神经网络训练的整个流程是迭代的，每一轮训练都相当于进行一次图 2.7 所示的迭代。接下来分步骤介绍神经网络训练的流程。

（1）参数初始化。对模型当中的权重参数进行初始化。常用的初始化方法有常数初始化、正态分布类初始化、均匀分布类初始化等。

（2）切分 Batch 数据。神经网络每一轮训练不是用全部数据，而是选取一定量的数据样本作为输入，这部分数据样本称为一个 Batch。

（3）前向传播。将步骤（2）切分的 Batch 数据通过前向传播计算得到预测结果。

（4）建立损失函数。比较计算出的预测结果和真实结果之间的差距，并建立合适的损失函数。

（5）反向传播。基于步骤（4）建立的损失函数，通过反向传播算法更新参数，使在每个batch 上的预测结果和真实结果之间的差距变小。

（6）是否达到迭代次数。如果达到，则结束本轮训练；如果未达到，则继续重复前面的步骤进行新一轮迭代。

以上就是神经网络进行一次训练的流程。我们把使用训练数据集的全部数据进行一次完整的训练，称为一个 Epoch。初学神经网络的读者往往分不清 Epoch 和 Batch 两个概念，在此用一个例子说明。例如，对于一个有 5 000 个训练样本的数据，将 5 000 个样本分成大小为 500 的 Batch，那么在对参数初始化之后，训练完整个样本需要 10 次迭代，1 个 Epoch。在实际中，往往通过增加 Epoch 的数量来获得更高的预测精度。

2.3.2　前向传播算法

前向传播（Forward Propagation）算法是指神经网络向前计算的过程。前向传播算法需要神经网络的输入、神经网络的连接结构，以及每个神经元中的参数。接下来，以全连接神经网络为例，介绍前向传播算法。图 2.8 所示为一个两层神经网络，假设 x_1 和 x_2 是影响房价的两个指标，经过该神经网络计算后，从 y 输出预测的房价。该网络的前向传播计算过程如下。

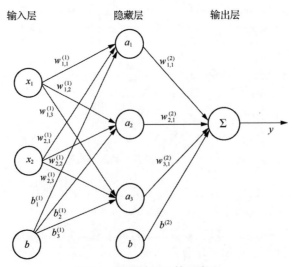

图 2.8　两层神经网络示意图

（1）隐藏层有 3 个节点，每个节点的取值都是输入层取值的加权和再加上偏置，a 的值可以由式（2.5）计算。

$$a_j = \sum_{i=1}^{2} w_{ij}^{(1)} x_i + b^{(1)} \tag{2.5}$$

a_1 取值的计算过程如下。

$$a_1 = w_{1,1}^{(1)} x_1 + w_{2,1}^{(1)} x_2 + b_1^{(1)}$$

a_2 和 a_3 也可以通过类似的方法计算获得。

（2）得到隐藏层节点取值后，计算输出层 y 的取值，计算公式为式（2.6）。

$$y = \sigma \left(\sum_{j=1}^{3} w_{j1}^{(2)} \cdot a_j + b^{(2)} \right) \tag{2.6}$$

至此，完成了神经网络的前向传播计算，如图 2.8 所示。在实际建模解决房价预测问题时，首先随机初始化网络模型的权重和偏置参数，然后每次用训练数据计算得到一个预测值 $\hat{y}$，接下来将预测值 $\hat{y}$ 与真实值 y 比较，如果相差较大，则通过反向传播算法调整参数的取值，以达到优化网络的目的。

2.3.3　损失函数

损失函数（Loss Function）是指在统计决策理论中，引入一个依赖于参数 $\theta \in \Theta$ 和决策 $d \in \mathfrak{D}$ 的二元实值非负函数 $L(\theta, d) \geq 0$，它表示参数真值为 θ 而采取的决策为 d 时所造成的损失。即决策越正确，损失就越小。在实际问题中，损失函数通常表示为真实值与预测值之间的距离。损失越小，代表模型得到的结果与真实值的偏差越小，说明模型越精确。神经网络模型就是以损失函数这个指标为线索寻找最优权重参数。这个损失函数可以使用任意函数，但一般用均方误差和交叉熵误差。

1．均方误差

均方误差（Mean Squared Error）损失函数的定义如下。

$$\mathrm{MSE} = \frac{1}{n} \sum_{i=1}^{n} (y_i - \hat{y}_i)^2$$

各参数的含义如下。

y_i：为第 i 个样本的真实值。

$\hat{y}_i$：为第 i 个样本的预测值。

n：为样本量。

均方误差计算的是神经网络的预测值和真实值之差的平方和的均值。一般解决回归问题的网络模型就是以最小化该损失函数为目标。这是因为回归问题完成的是对具体数值的预测，如股票预测、房价预测。也就是说，解决回归问题的神经网络一般只有一个输出节点，而这个输出节点就是预测值。

2．交叉熵误差

交叉熵误差（Cross Entropy Error）损失函数的定义如下。

$$CEE = -\frac{1}{n}\sum_{i=1}^{n}\sum_{k=1}^{k} t_{ik} \log\left(y_{ik}\right)$$

各参数的含义如下。

n：样本量。

$\log()$：表示以 e 为底的自然对数。

t_{ik}：如果样本 i 属于第 k 个类别，则为 1，否则为 0。

y_{ik}：样本 i 属于第 k 个类别的概率。

因此，交叉熵误差的值是由正确标签对应的输出结果决定的。与均方误差损失函数不同，交叉熵损失函数常被用作解决分类问题的神经网络的优化函数。

2.3.4 基于梯度下降算法的预备知识

基于梯度的优化就是优化一个函数的最终取值。假设 θ 是函数的输入参数，$f(\theta)$ 是需要优化的函数，那么基于梯度的优化是指改变 θ 以得到最小或最大的 $f(\theta)$。梯度下降算法是指沿着函数值下降变化最快的方向，改变 θ 而获得更小的 $f(\theta)$ 的技术。

1．梯度下降算法的直观理解

为了帮助大家更直观地理解什么是梯度下降，下面用一个例子简单说明。如图 2.9 所示，假设我们正站在山顶上，想要以最快的速度下山，该怎么办？首先，我们找到一个最陡峭的方向，从此方向下山，下到山腰的某一点，又开始新的搜索，寻找另一个更加陡峭的方向，从那个更加陡峭的地方下山，不断重复这个过程，直到成功抵达山脚下。简而言之，梯度下降就是寻找最陡峭的方向，也就是负梯度方向下降最快的地方。

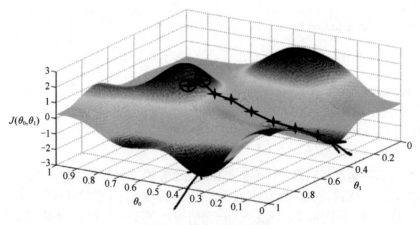

图 2.9 梯度下降示意图

2．梯度下降算法的数学定义

接下来，通过数学中的导数概念来进一步理解梯度下降。对导数不太熟悉的读者，建议参考专业的数学书籍。

在数学中，对于函数 $y = f(\theta)$，其导数被记为 $f'(\theta)$ 或 $\dfrac{\mathrm{d}y}{\mathrm{d}\theta}$ 或 $\dfrac{\partial}{\partial\theta}f(\theta)$。导数 $f'(\theta)$ 的值表示 $f(\theta)$ 在 θ 处的斜率。根据导数的含义，如果在 θ 处发生微小的变化 δ，那么输出也会发生相应的变化。

$$f(\theta+\delta) \approx f(\theta) + \delta f'(\theta)$$

以 $f(\theta) = \theta^2$ 为例，其函数图像和导数图像如图 2.10 所示。

从图 2.10 可以得到以下结论。

（1）对于 $\theta > 0$，存在 $f'(\theta) > 0$，因此可以向左移动来减小 $f(\theta)$。

（2）对于 $\theta < 0$，存在 $f'(\theta) < 0$，因此可以向右移动来减小 $f(\theta)$。

（3）对于 $\theta = 0$，存在 $f'(\theta) = 0$，出现全局最小点，梯度下降到这里停止。

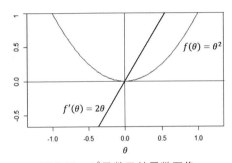

图 2.10 θ^2 函数及其导数图像

3．学习率

有了梯度，还需要通过一个学习率（Learning Rate）α 来定义每次参数更新的幅度。学习率也叫步长，是个超参数，可以预先指定，也可以通过超参数调优选择。计算函数在 θ_n 处的梯度及设定的学习率，可以得到更新参数的公式（2.7）。

$$\theta_{n+1} = \theta_n - \alpha\frac{\partial}{\partial\theta}f(\theta_n) \tag{2.7}$$

将式（2.7）应用到神经网络中，求解损失函数 c 对权值参数 w 和偏置参数 b 的梯度，并基于负梯度方向更新参数，计算公式如下。

$$w_{n+1} = w_n - \alpha\cdot\frac{\partial c}{\partial w_n}$$

$$b_{n+1} = b_n - \alpha\cdot\frac{\partial c}{\partial b_n}$$

以 w 为例，w 的更新等于原始参数的值减去学习率乘以损失函数在 w 处的梯度。同理，b

的更新类似。在实际的神经网络优化过程中，常常需要经过很多次迭代才能得到最优参数。深度学习的数据量通常是非常巨大的，此时梯度下降算法的计算开销非常大，所以，在实际数据项目中，原始梯度下降算法并不是很好用，需要采取一些策略改进原始梯度下降算法来加速模型的训练。接下来将介绍一些经典的方法。

2.3.5　批量梯度下降算法

下面介绍批量梯度下降算法和随机梯度下降算法的基本概念。其中随机梯度下降算法可以看成是批量梯度下降算法的一个特例。

1．批量梯度下降算法

批量梯度下降算法（Batch Gradient Descent，BGD），就是把整个样本切分为若干份，然后在每一份样本上实施梯度下降算法进行参数更新。假设有 10 万个样本，随机排序后，按照 5 000 大小切分成 20 份，每一份称为一个批量（Batch），在每一个 Batch 上计算梯度并优化，这样网络的训练效率会大大提高。

2．随机梯度下降算法

随机梯度下降算法（Stochastic Gradient Descent，SGD）是指每个批量只有一个样本，并且只在这一个样本上实施梯度下降算法进行参数更新。采取 SGD，虽然模型训练起来更灵活，但坏处是算法很难收敛，由于每次只处理一个样本，效率很低。

3．梯度下降、批量梯度下降与随机梯度下降算法之间的联系与区别

联系：都是基于梯度下降算法的策略。

区别：执行一次计算所需的样本量不同。

为了更直观地感受三者的区别，用图 2.11 进行说明。由于批量梯度下降每次只使用数据集中的一小部分进行梯度下降，所以每次下降并不是严格地朝着最小方向，但总体趋势是朝着最小方向，因此图 2.11（b）能够看到箭头线在纵轴上会有一些震荡，震荡表示在频繁地改变方向。对于随机梯度下降，由于每次处理的样本更少了，因而它的震荡是最大的，如图 2.11（c）所示。

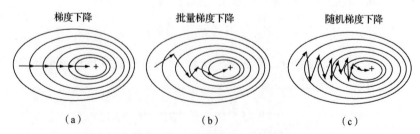

图 2.11　梯度下降、批量梯度下降和随机梯度下降

4．批量数的选择

选取合适的批数量（Batch Size）是一个重要的问题，该问题并没有客观的标准。过小的

Batch Size 会使算法偏向 SGD，从而失去向量化带来的加速效果，而过大的 Batch Size 会使训练时占用更多的内存。所以，如何选择需要在实际操作时不断尝试。

2.3.6 批量梯度下降算法的改进

正如 2.3.5 节看到的，无论是批量梯度下降，还是随机梯度下降，都无法避免在纵轴上的震荡问题。一个理想的情形是纵轴的震荡减少，即学习变慢，而横轴的学习加快。下面介绍 3 种方法用于改进批量梯度下降算法，分别是动量梯度下降算法、均方根加速算法和自适应矩估计算法。其他还有 Adagrad、NAG、Adadelta 和 Admax 等算法，对深度学习优化算法感兴趣的读者可以查找相关资料深入研究。

1．动量梯度下降算法

动量梯度下降（Gradient Descent with Momentum）算法是考虑了历史梯度的加权平均作为速率进行优化的方法。回顾一下梯度下降算法每次参数的更新公式

$$w_{n+1} = w_n - \alpha \cdot \frac{\partial c}{\partial w_n}$$

$$b_{n+1} = b_n - \alpha \cdot \frac{\partial c}{\partial b_n}$$

可以看到，每次更新仅与当前梯度值有关，并不涉及历史梯度。如果把历史梯度和当前梯度进行加权计算，就是带动量（Momentum）的梯度下降，其计算公式如下。

$$v_{dw} = \beta v_{dw} + (1-\beta)\frac{\partial c}{\partial w_n}$$

$$v_{db} = \beta v_{db} + (1-\beta)\frac{\partial c}{\partial b_n}$$

$$w_{n+1} = w_n - \alpha v_{dw}, b_{n+1} = b_n - \alpha v_{db}$$

各参数的含义如下。

v_{dw}，v_{db}：历史梯度。

α：学习速率。

β：控制梯度权重的超参数。

实现带动量的梯度下降的关键点有以下两个。

（1）动量是考虑历史梯度进行梯度下降的。

（2）需要指定的超参数变成了两个：一个是学习率，另一个是梯度加权参数。

2．均方根加速算法

均方根加速（Root Mean Square Prop，RMSProp）算法是指对历史梯度加权时，对当前梯度取了平方，并在参数更新时，让当前梯度对历史梯度开根号后的值做了除法运算。RMSProp 的计算公式如下。

$$S_{dw} = \beta S_{dw} + (1 - \beta)(\frac{\partial c}{\partial w_n})^2$$

$$S_{db} = \beta S_{db} + (1 - \beta)(\frac{\partial c}{\partial b_n})^2$$

$$w_{n+1} = w_n - \alpha \frac{\frac{\partial c}{\partial w_n}}{\sqrt{S_{dw} + \varepsilon}}$$

$$b_{n+1} = b_n - \alpha \frac{\frac{\partial c}{\partial b_n}}{\sqrt{S_{db} + \varepsilon}}$$

各参数的含义如下。

S_{dw}，S_{db}：历史梯度。

α：学习速率。

β：控制梯度权重的超参数。

ε：为防止分母为零的一个超参数（通常是一个很小的值）。

3．自适应矩估计算法

自适应矩估计（Adaptive Moment Estimation，Adam）算法是一种将之前的动量梯度下降和均方根加速结合起来的优化算法。以权值 w 的更新为例，Adam 的计算公式如下。

$$v_{dw} = \beta_1 v_{dw} + (1 - \beta_1)\frac{\partial c}{\partial w_n}$$

$$v_{dw}^{corrected} = \frac{v_{dw}}{1 - \beta_1^t}$$

$$s_{dw} = \beta_2 s_{dw} + (1 - \beta_2)(\frac{\partial c}{\partial w_n})^2$$

$$s_{dw}^{corrected} = \frac{s_{dw}}{1 - \beta_2^t}$$

$$w_{n+1} = w_n - \alpha \frac{v_{dw}^{corrected}}{\sqrt{s_{dw}^{corrected} + \varepsilon}}$$

各参数的含义如下。

v_{dw}，s_{dw}：初始梯度。

$v_{dw}^{corrected}$，$s_{dw}^{corrected}$：纠偏后的梯度。

β_1：动量梯度的加权超参数。

β_2：均方根加速算法的加权超参数。

t：迭代次数。

ε：为防止分母为零的超参数（通常是一个很小的值）。

简单描述 Adam 算法的计算过程：首先对 v_{dw} 和 s_{dw} 进行参数初始化，利用 Momentum 算法进行梯度加权计算；然后对加权后的梯度进行纠偏；之后，利用 RMSProp 算法进行基于梯度平方的更新，然后同样进行纠偏；最后将基于 Momentum 和 RMSProp 算法的梯度值进行最终的权值更新。

Adam 算法的优点：在同等数据量的情况下，Adam 算法占用内存更少，超参数相对固定，几乎不需要调整，适用于大规模训练数据的场景，且对梯度稀疏和梯度噪声有很大的容忍性。

2.3.7　反向传播算法

本小节介绍反向传播算法的基本原理及其实现流程。

1．反向传播算法定义

反向传播（Back Propagation，BP）算法是一种高效地在所有参数上使用梯度下降算法的方法。2.3.2 节对前向传播算法做了介绍。前向传播可以概括为输入 x 经过神经网络的处理，最终产生输出 y。在训练过程中，前向传播会产生一个损失函数；反向传播则允许来自损失函数的信息通过网络向后流动，以便计算梯度。

神经网络模型之所以不能直接应用梯度下降算法进行训练，主要有以下两个原因。

（1）梯度下降可以应对带有明确求导函数的情况，或者说可以求出误差的情况。

（2）对于多层神经网络，隐藏层的误差是不存在的，因此不能直接对它应用梯度下降，要先将误差反向传播至隐藏层，然后应用梯度下降。

2．举例说明反向传播算法

接下来用一个例子具体介绍反向传播算法。如图 2.12 所示，第 1 层是输入层，包含一个神经元 X，权值和偏置分别是 w_1 和 b_1。第 2 层是隐含层，包含一个神经元 h_1，权值和偏置分别是 w_2 和 b_2。第 3 层是输出层 a，这里的激活函数默认为 Sigmoid 函数。

反向传播的计算过程如下。

（1）前向传播。

① 输入层→隐含层：计算神经元 h_1 的输入加权和：

$Z_1 = w_1 \times X + b_1$，采用 Sigmoid 激活函数，得出 h_1 的输出值 $a_1 = \sigma(Z_1)$。

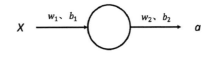

图 2.12　一个简单的单隐层神经网络

② 隐含层→输出层：将 h_1 的输出值 a_1 再进行加权求和得到：$Z_2 = w_2 \times a_1 + b_2$，采取 Sigmoid 激活，得到输出值 $a_2 = \sigma(Z_2)$。

（2）建立损失函数。我们得到了输出值 a_2，它与真实值 y 还相差很远，所以需要对二者的误差建立损失函数。这里假设采取交叉熵损失函数：

$$L(y, a_2) = -y \log a_2 - (1-y) \log(1-a_2)$$

接下来，利用反向传播，对权值和偏置参数进行更新，即将上述计算反过来，但是必须是负梯度方向。

（3）反向传播。

① 计算总误差：这里只有一个输出，因此只需要计算真实值和输出值之间的差异即可。

$$E_{\text{total}} = -y \log a_2 - (1-y)\log(1-a_2)$$

② 隐含层→输出层的权值更新：以权重参数 w_2 为例，如果想知道 w_2 对整体误差产生了多少影响，可以用整体误差对 w_2 求偏导得出（应用链式法则）。

$$\frac{\partial E_{\text{total}}}{\partial w_2} = \frac{\partial E_{\text{total}}}{\partial a_2} \times \frac{\partial a_2}{\partial Z_2} \times \frac{\partial Z_2}{\partial w_2}$$

$$= \left(-\frac{y}{a_2} + \frac{1-y}{1-a_2}\right) \times a_2(1-a_2) \times (a_1)$$

其中 $\frac{\partial a_2}{\partial Z_2}$ 是对 Sigmoid 函数求导，比较简单，大家可以自行推导。至此就计算出了整体误差 E_{total} 对 w_2 的偏导值， w_2 的更新值就等于 $w_2^+ = w_2 - \eta \times \frac{\partial E_{\text{total}}}{\partial w_2}$ ，其中 η 是学习速率，一般可以取 0.5。同理，隐含层到输出层的偏置（即 b_2）的更新遵循同样的原理，大家可以作为课后练习自行推导。

③ 输入层→隐含层的权值更新：以对权值 w_1 的更新为例，其计算方法和步骤②差不多，应用链式法可得出：

$$\frac{\partial E_{\text{total}}}{\partial w_1} = \frac{\partial E_{\text{total}}}{\partial a_2} \times \frac{\partial a_2}{\partial Z_2} \times \frac{\partial Z_2}{\partial a_1} \times \frac{\partial a_1}{\partial Z_1} \times \frac{\partial Z_1}{\partial w_1}$$

$$= \left(-\frac{y}{a_2} + \frac{1-y}{1-a_2}\right) \times a_2(1-a_2) \times w_2 \times a_1(1-a_1) \times x$$

注意，这里 $\frac{\partial a_2}{\partial Z_2}$ 和 $\frac{\partial a_1}{\partial Z_1}$ 都应用了 Sigmoid 函数求导。 w_1 的更新值等于 $w_1^+ = w_1 - \eta \times \frac{\partial E_{\text{total}}}{\partial w_1}$ 。输入层到隐含层的偏置 b_1 的更新，大家可以作为课后练习自行推导。这样误差的一次反向传播算法就完成了。经过不断的迭代更新，可以得到最终参数更新的结果。

以上就是 BP 算法的基本工作原理，简单概括就是先向前计算得到输出值，然后反向传播更新参数，最后得到损失函数最小时的参数作为最优学习参数，基本流程可以总结为图 2.13 所示的形式。

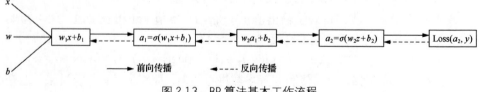

图 2.13　BP 算法基本工作流程

2.4 神经网络的过拟合及处理方法

神经网络在训练过程中，往往会出现过拟合的现象，在学习过拟合之前，首先大家要了解什么是训练误差和测试误差。当用某个训练集训练已有的神经网络模型时，通常会用损失函数来度量一些误差，这些误差被称为训练误差（Training Error）。2.3 节介绍的优化算法就是在尽可能地减小训练误差。

但是在实际的应用中，我们想要的不仅是训练数据表现良好，更希望的是训练的模型在未知的新输入数据（即测试集）上也能表现良好。模型在未知数据集上得到的误差称为测试误差（Testing Error），我们希望训练误差低的同时，测试误差也很低，在降低训练误差和测试误差的过程中，会面临过拟合现象。本节将讨论神经网络产生过拟合的原因，并介绍两种常用的解决方法，分别是正则化和 Dropout。

2.4.1 过拟合

在机器学习中，根据模型对训练数据学习的程度，可以将学习效果分为 3 类：正常拟合、欠拟合和过拟合。正常拟合是指模型合理地学习了训练数据集的规律，没有过多关注噪声部分，使得模型在测试数据上具有良好的表现，欠拟合是指由于模型过于简单而难以学习训练数据的规律而出现的在训练数据集上表现很差的现象，过拟合是指在模型训练过程中，模型对训练数据学习过度，将数据中包含的噪声和误差也学习了，使得模型在训练集上表现很好，而在测试集上表现很差的现象。

图 2.14 所示为欠拟合、正常拟合和过拟合 3 种情况。假设需要建立一个分类模型用于区分圆圈和红叉，尝试设计 3 种不同的模型比较拟合情况。

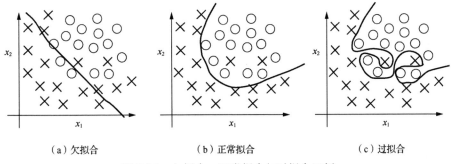

（a）欠拟合　　　　　　　（b）正常拟合　　　　　　　（c）过拟合

图 2.14　欠拟合、正常拟合与过拟合示例

图 2.14（a）所示是一个线性回归模型，由于其形式过于简单，而无法刻画数据的分布规律，所以欠拟合。

图 2.14（b）所示是一个二次模型，该模型比较合理地刻画了数据的分布趋势，并且没有过多关注噪声项，所以属于正常拟合情况。

图 2.14（c）所示是一个含有高次幂的模型，该模型虽然精确地区分了圆圈和叉叉，但是由于训练参数过多导致了对数据中噪声的拟合，因此造成模型无法对未知新数据进行判断，出现了过拟合现象。

过拟合会使模型的预测精度降低，因此在实际训练时要防止过拟合现象产生。接下来将介绍两种方法，它们能够在一定程度上解决过拟合问题。

2.4.2　正则化方法

本节主要介绍处理神经网络过拟合的正则化方法。

1.　正则化

正则化（Regularization）就是在损失函数中加入被称为正则化项（Regularizer）的惩罚。也就是说，在进行模型训练时，优化的不再是损失函数，而是损失函数加上一个惩罚项，具体可以用式（2.8）概括。

$$\min \frac{1}{N} \sum_{i=1}^{N} L(y_i, f(x_i)) + \lambda J(f) \tag{2.8}$$

各参数的含义如下。

N：样本量。

y_i：第 i 个样本的真实值。

$f(x_i)$：第 i 个样本的预测值。

$L()$：某种形式的损失函数。

$J(f)$：正则化项。

λ：正则化系数。

式（2.8）第 1 项为针对训练数据集的训练误差，第 2 项是正则化项，也叫惩罚项，用于约束和惩罚模型复杂度。随着 λ 逐渐增大，正则化项在模型选择中越来越重要，对模型复杂性的惩罚也越来越大。所以，在实际训练过程中，λ 作为一种超参数，很大程度上决定了模型的"生死"。除了正则化系数 λ，正则化项到底形式如何？这就需要引入向量和矩阵的 L 范数的概念。

2.　范数

范数（Norm）在数学上是指泛函分析中向量长度的度量。在机器学习的正则化中，最常用的范数形式为 L_1 范数和 L_2 范数。

L_1 范数就是向量或矩阵中各元素绝对值之和，带有 L_1 正则化项的公式如下。

$$\min \frac{1}{N} \sum_{i=1}^{N} L(y_i, f(x_i, w)) + \lambda \|w\|_1$$

各参数的含义如下。

w：权值参数。

$\|w\|_1$：对权值参数 w 求解 L_1 范数。

相较于 L_1 范数，L_2 范数使用得更加广泛。L_2 范数是指对向量或矩阵中各元素的平方和求根后的结果。带有 L_2 正则化项的公式如下。

$$\min \frac{1}{N}\sum_{i=1}^{N} L(y_i, f(x_i, w)) + \lambda \|w\|_2$$

各参数的含义如下。

w：权值参数。

$\|w\|_2$：对权值参数 w 求解 L_2 范数。

应用正则化的基本思想是通过控制权重的大小，降低模型拟合训练集中存在噪声的概率，从而减轻过拟合。在具体使用时，L_1 范数和 L_2 范数有以下两个主要区别。

（1）L_1 范数会让参数变得更稀疏（会有更多参数变为 0），而 L_2 范数会无限接近 0，但不会等于 0。

（2）L_1 正则化的公式不可导，而 L_2 正则化的公式可导，这就导致在计算 L_1 正则化损失函数的偏导数时更加复杂。

3．神经网络应用正则化方法解决过拟合

对于神经网络模型，可以采取正则化的方法来防止过拟合，即在损失函数上加上正则化项，如 L_2 正则化项。不加正则化项和加了 L_2 正则化项的损失函数进行神经网络模型训练的分类效果如图 2.15 所示。从图 2.15（a）可以看到，没加正则化的深度神经网络的训练结果存在明显的过拟合现象，分类结果存在较大的误差；而图 2.15（b）加了正则化项的神经网络模型训练效果要好得多。

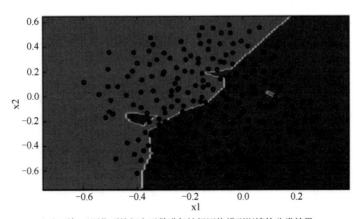

（a）不加正则化项的损失函数进行神经网络模型训练的分类效果

图 2.15　不加正则化项和加 L_2 正则化项的损失函数进行神经网络模型训练的分类效果

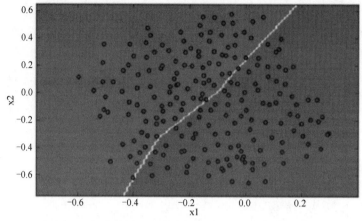

（b）加 L_2 正则化项的损失函数进行神经网络模型训练的分类效果

图 2.15　不加正则化项和加 L_2 正则化项的损失函数进行神经网络模型训练的分类效果（续）

2.4.3　Dropout 方法

处理神经网络过拟合的方法除了在损失函数中加入正则化项外，还可以使用 Dropout 方法。

1. Dropout 的定义

Dropout 方法由辛顿（Hinton）教授团队提出，它是指在神经网络训练的过程中，将某一层的单元（不包括输出层的单元）数据随机丢弃一部分。在训练深度神经网络时，Dropout 能够在很大程度上简化神经网络结构，防止神经网络过拟合。

假设要用 Dropout 方法训练一个 3 层的神经网络，那么 Dropout 为该网络每一层的神经元设定一个失活（Drop）概率，在神经网络训练过程中，会丢弃一些神经元节点，在网络图上则表示为该神经元节点的进出连线被删除，如图 2.16 所示。最后会得到一个神经元更少、模型相对简单的神经网络，此时过拟合情况会大大缓解。

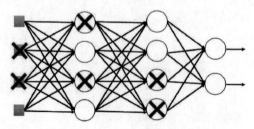

图 2.16　带 Dropout 的神经网络

2. Dropout 的原理

Dropout 的工作原理可以理解为对神经网络中每一个神经元加上一个概率的流程，使神经网络训练时，能够随机使某个神经元失效。在一个多层的神经网络中，对于不同神经元数的神经网络层，可以设置不同的失活或者保留概率。对于含有较多权值的层，可以选择设置较大的失活概率（即较小的保留概率）。所以，如果担心某些层所含神经元较多或者比其他层更容易发生过拟合，就可以将该层的失活概率设置得高一些。图 2.17 所示为对神经网络模型加上 Dropout 后的效果，可以看到带有 Dropout 结构的神经网络模型同样可以防止过拟合问题。

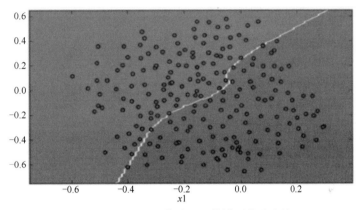

图 2.17 带 Dropout 的神经网络模型的分类效果

课后习题

1. 多层感知机的原理是什么？一个神经网络的基本构成有哪些？

2. 常见的激活函数有哪些？它们的优缺点是什么？

3. 根据反向传播算法，请推导隐含层到输出层的偏置（即 b_2）的更新，以及输入层到隐含层偏置 b_1 的更新。

4. 结合实际例子，谈谈你对几种梯度下降算法的理解。

5. 结合本章内容，谈谈你对神经网络中过拟合现象的理解。遇到过拟合，通常可以采取哪些技术手段进行处理？

第**3**章　神经网络的 TensorFlow 实现

【学习目标】

通过本章的学习，读者可以掌握：

1. 张量的概念及其运算；
2. 图像数据的处理技巧；
3. 线性回归模型的 TensorFlow 实现；
4. 逻辑回归模型的 TensorFlow 实现。

【导言】

通过前面两章的学习，不知道是否消除了大家对于深度学习的恐惧。如果此时你仍然不知道如何实现深度学习模型，请不要着急，学完本章，你将可以实现自己的第一个深度学习模型。

从本章开始，将全面进入神经网络的编程实践部分。在具体实践之前，需要一些预备知识。首先介绍神经网络的基本数据结构：张量的概念及其分类。张量将会贯穿整个深度学习，因此对它的学习非常重要。其次，深度学习最擅长的领域之一就是图像处理，我们将重点介绍图像数据的处理与应用。具备这些预备知识后，本章将给出两个基于 TensorFlow 实现的神经网络的例子，第 1 个是美食图像评分，通过线性回归解决；第 2 个是手写数字识别，通过逻辑回归解决。

3.1　神经网络的数据结构

在构建和训练一个神经网络之前，我们需要了解神经网络的基本数据结构，接下来大家将学到张量的概念。

3.1.1　张量及其分类

张量（Tensor）可以理解为 n 维数组或矩阵。根据维数的不同，张量又可以分为标量、向量、矩阵、3D 张量及更高维张量。

1. 标量

标量是指仅包含一个数字的张量，又称零维张量（0D 张量）。在 NumPy[①]数组中，一个 float32 或 float64 的数字就是一个标量，可以用 ndim 查看张量的维度。下面是一个标量示例。

```
import numpy as np
x = np.array(888)
print(x)
print(x.ndim)
```

输出结果为：

```
888
0
```

2. 向量

向量是指由数字组成的数组，也称为一维张量（1D 张量）。下面是一个向量示例。

```
x = np.array([1,2,3,4,5])
print(x)
x.ndim
```

输出结果为：

```
[1 2 3 4 5]
1
```

3. 矩阵

矩阵是指由向量组成的数组，也称为二维张量（2D 张量），矩阵有两个维度，一个是行，一个是列。下面是一个矩阵示例。

```
x = np.array([[1,2,3,4],
              [5,6,7,8],
              [9,6,7,4]])
print(x)
x.ndim
```

输出结果为：

```
[[1 2 3 4]
 [5 6 7 8]
 [9 6 7 4]]
2
```

---

① NumPy 是 Python 中的科学计算库。

4．3D 张量与更高维张量

3D 张量与更高维张量，是指由多个矩阵组成的数组，可以理解为关于数字的三维立体矩阵。下面是一个 3D 张量示例。

```
x = np.array([[[12,4,6,8,23],
               [45,1,2,6,67]],
              [[32,7,3,5,14],
               [56,1,2,8,18]],
              [[23,7,2,5,78],
               [14,2,7,2,15]]])
print(x)
x.ndim
```

输出结果为：

```
[[[12  4  6  8 23]
  [45  1  2  6 67]]
 [[32  7  3  5 14]
  [56  1  2  8 18]]
 [[23  7  2  5 78]
  [14  2  7  2 15]]]
3
```

将多个 3D 张量组合成一个数组，就可以创建 4D 张量。以此类推，可以创建更高维的张量。

3.1.2　张量数据示例

1．2D 张量数据示例：向量数据

向量数据是最常见的数据类型，存储形状为(Samples,Features)，第 1 个参数代表样本数，第 2 个参数代表特征数。例子如下。

（1）学生成绩数据。其中包括每个学生数学、语文和外语 3 门课的分数，每个人可以表示成包含 3 个值的向量，假设数据有 100 个人，那么这将存储在形状为(100,3)的 2D 张量中。

（2）家庭收入数据。其中包括每个家庭的税前收入和税后收入，每个家庭可以表示成包含 2 个值的向量，假设有 1 000 个家庭，那么这将存储在形状为(1000,2)的 2D 张量中。

2．3D 张量数据示例：时间序列数据

时间序列数据被存储在带有时间维度的 3D 张量中，存储形状为(Samples,Timespans,Features)，第 1 个参数代表样本数，第 2 个参数代表时间步长，第 3 个参数代表特征数。例子如下。

（1）各省份宏观经济数据。记录 1978—2018 年全国 34 个省份每年的宏观经济数据，包括 GDP、CPI 和 FDI。每个省份的数据都被编码为一个形状为(40,3)的 2D 张量（因为记录的是 40 年的数据），而全国 34 个省份的数据可以保存在一个形状为(34,40,3)的 3D 张量中。这里的每

个样本是每个省份过去 40 年的宏观经济数据。

（2）股票价格数据。假设现在需要记录 250 个交易日 500 只股票每天的开盘价、收盘价、最高价和最低价，每只股票的数据会被编码成一个形状为(250,4)的 2D 张量（因为一只股票有250 个交易日），则 500 只股票的数据可以保存在一个形状为(500,250,4)的 3D 张量中。

3．4D 张量数据示例：图像数据

图像数据是个 4D 张量，存储形状为(Samples,Height,Width,Channels)，第 1 个参数代表样本数，第 2 个是图像的高度，第 3 个是图像的宽度，第 4 个是图像的颜色深度，也称为通道数。

如果不关注第 1 个参数样本数，则一张图像数据就是一个三维立体矩阵。在电子图像中，不用图像的几何尺寸来表示图像大小，而是用图像的像素尺寸。通俗地说，一个像素对应显示器的一个发光单元，一个图像的像素尺寸，就指定了这张图像需要使用显示器中的多少个发光单元。像素尺寸越大，图像包含的细节越多。例如，图 3.1 这张熊大的图像，就是一个 301 像素×296 像素×3 的原图。

图 3.1　图像数据示例：熊大

这说明，图 3.1 的图像是由 3 个像素尺寸为 89 096 的像素矩阵组成的，每个像素矩阵以301 行 296 列的形式排列。每个像素点表达不同的颜色以及深浅，然后形成了我们看到的这个图像。那么如何表达每个像素点颜色的深浅呢？

光学知识告诉我们，白光可以被分解成红绿蓝（RGB）3 种基色，通过（RGB）3 种光的混合，能生成各种颜色。这说明，任何一个像素点颜色的深浅，其实是 3 种基色混合而成的。因此，要表达一个像素点颜色的深浅，需要一个长度为 3 的向量。该向量的 3 个元素分别对应3 种基色。其数值大小，对应了该基色的深浅。

例子如下。

（1）对于灰度图像，只有一个颜色通道，假设图像像素矩阵大小是 128 像素×128 像素，那么 100 张灰度图像可以保存在一个形状为(100,128,128,1)的张量中。

（2）对于彩色图像，因为有 3 个颜色通道（分别为 R、G、B），同样，100 张大小为 128 像素×128 像素的彩色图像会被存储在形状为(100,128,128,3)的张量中。

3.2　图像数据的运算

通过前面的学习我们知道，深度学习非常善于处理非结构化数据，如图像、文本、声音等。作为入门，先从图像数据开始介绍，主要原因有 3 个：（1）基于图像数据的应用特别多；（2）有很多大量的、公开的图像数据可供学者研究；（3）相比于其他非结构化数据，图像数据更容易上手学习。

本节将介绍有关图像数据的运算。

3.2.1　图像数据的读入与展示

1．读入图像

首先通过程序读入图像 xiongda.jpg 并将其展示出来。处理图像数据需要载入 image 包，其中.open 函数用于打开图像数据。具体如代码示例 3-1 所示。

代码示例 3-1：读入图像

```
from PIL import Image
photo = Image.open('./photos/xiongda.jpg')
photo
```

输出结果为：

2．改变大小

接下来可以通过.size 函数查看原始图像的大小，并通过.resize 函数改变图像的大小。可以看到，原始图像的大小是 301 像素×296 像素。在实际数据分析中，不同图像的大小规格会不一样，为了后续对图像处理的方便，通常将其统一规格，本例将其统一为 128 像素×128 像素大小。具体如代码示例 3-2 所示。

代码示例 3-2：改变图像大小

```
print(photo.size)
photo=photo.resize([128,128])
print(photo.size)
photo
```

输出结果为：

```
(301, 296)
(128, 128)
```

3. 矩阵转换

将图像数据通过.array 函数转换为矩阵形式。通过.array 函数，把图像数据转换为一个 128 像素×128 像素×3 的张量，其中 3 代表彩色图像有 3 个颜色通道，将第 0 个通道（注意 Python 的索引是从 0 开始的）的矩阵元素展示出来，就会看到如下所示的简化矩阵。至此，就将一张图像转换成一个三维立体矩阵，方便后续进行各种代数计算。具体如代码示例 3-3 所示。

代码示例 3-3：矩阵转换

```
import numpy as np
Im=np.array(photo)
print(Im.shape)
Im[:,:,0]
```

输出结果为：

```
(128, 128, 3)

array([[255, 255, 255, ..., 255, 255, 255],
       [255, 255, 255, ..., 255, 255, 255],
       [255, 255, 255, ..., 255, 255, 255],
       ...,
       [ 42,  36,  44, ...,  53,  57,  49],
       [ 33,  30, 152, ...,  52,  53,  48],
       [ 28, 150, 255, ...,  54,  50,  40]], dtype=uint8)
```

4．尺度变化

代码示例 3-3 输出的三维立体矩阵，每个元素的取值大小为 0～255。在实际的模型训练中，常常需要变换原始像素矩阵的尺度，将每个元素取值除以 255，将其变为 0～1 的数。具体如代码示例 3-4 所示。

代码示例 3-4：尺度变化

```
Im=Im/255
print(Im[:,:,0])
```

输出结果为：

```
[[1.          1.          1.          ... 1.          1.          1.          ]
 [1.          1.          1.          ... 1.          1.          1.          ]
 [1.          1.          1.          ... 1.          1.          1.          ]
 ...
 [0.16470588 0.14117647 0.17254902 ... 0.20784314 0.22352941 0.19215686]
 [0.12941176 0.11764706 0.59607843 ... 0.20392157 0.20784314 0.18823529]
 [0.10980392 0.58823529 1.          ... 0.21176471 0.19607843 0.15686275]]
```

5．图像展示

经过前面几个步骤的处理，最开始的图像现在变成了一个三维立体矩阵，用 Im 表示。接下来需要通过.imshow 函数将三维立体矩阵展示成图像形式。具体如代码示例 3-5 所示。

代码示例 3-5：图像展示

```
from matplotlib import pyplot as plt
plt.imshow(Im)
```

输出结果为：

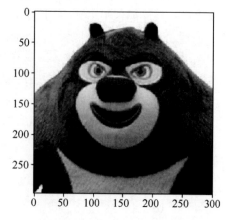

3.2.2　图像数据的代数运算

图像数据转换成三维立体矩阵之后，意味着可以对图像数据进行基本的代数运算了。下面通过例子对图像数据进行加法、减法、乘法和除法运算。具体如代码示例 3-6 所示。

代码示例 3-6：图像的加法、减法、乘法、除法运算

```
Im1=Im+0.5
Im2=1-Im
Im3=0.5*Im
Im4=Im/0.5
plt.figure()
fig,ax=plt.subplots(1,4)
fig.set_figwidth(15)
ax[0].imshow(Im1)
ax[1].imshow(Im2)
ax[2].imshow(Im3)
ax[3].imshow(Im4)
```

输出结果为：

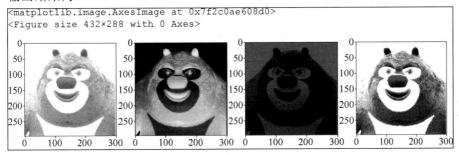

第 1 张图像：将 Im 图像加上 0.5 得到 Im1。

第 2 张图像：用 1 减去 Im 图像得到 Im2。

第 3 张图像：用 0.5 乘以 Im 图像得到 Im3。

第 4 张图像：将 Im 图像除以 0.5 得到 Im4。

将这 4 张图像（Im1、Im2、Im3 和 Im4）展示在一张画板上，.figure 函数用于初始化画板，.subplots 函数用于切分画板，这里切分成了 1 行 4 列。切分之后会有两个输出，其中 fig 可以控制画板的长和宽。例如，这里设置 .set_figwidth 宽度为 15 个单位。ax 可以控制图像的位置，索引从 0 开始。例如，将 Im0 放在最左边，以此类推。

这个例子将图像进行了简单的加、减、乘、除运算，可能没有什么特别的实际意义，但是可以帮助我们更加直观地理解图像数据的代数运算。

3.3　线性回归模型的 TensorFlow 实现

深度学习是一种特殊的非线性回归分析方法，之所以"特殊"，是因为它常常涉及非结构化数据，如图像、声音、语言。本节首先复习线性回归的基础知识；然后以图像作为非结构化的 X 变量，以连续型因变量作为 Y，在 TensorFlow 的框架下建立 X 到 Y 的线性回归模型；最后通过一个美食评分案例介绍代码实现的步骤。

3.3.1 线性回归模型

线性回归（Linear Regression）是指利用回归分析来确定两种或两种以上变量间相互依赖的定量关系的一种统计分析方法。

进行回归分析之前，首先要确定因变量和自变量。

（1）因变量（Dependent Variable）：是被预测或被解释的变量，用 Y 表示。

（2）自变量（Independent Variable）：是用来预测或解释因变量的一个或多个变量，用 X 表示。

因此，如果回归分析只包括一个自变量和一个因变量，且二者的关系可用一条直线近似表示，则这种回归分析称为一元线性回归分析。如果回归分析包括两个或两个以上自变量，且因变量和自变量之间是线性关系，则称为多元线性回归分析。

假设 $Y \in R$ 是一个连续型因变量，表示人们对一张彩色图像的喜爱程度，$X = (X_{ijk})$ $\in R^{p \times q \times 3}$ 是相应的解释性变量（一张三通道彩色图像的立体像素矩阵），由于个性化的因素，无法通过一张图像 X 来解释 Y，因而除了 X 之外，还要考虑噪声项 ε，ε 代表所有与 Y 相关却与图像 X 无关的因素。那么，一个标准的线性回归模型设定如下。

$$Y = \beta_0 + \sum_{i=1}^{p} \sum_{j=1}^{q} \sum_{k=1}^{3} X_{ijk} \beta_{ijk} + \varepsilon,$$

各参数的含义如下。

β_0：截距项。

X_{ijk}：第 k 个通道的第 ij 个像素点的取值。

β_{ijk}：回归系数，是 X_{ijk} 相应的权重。

$\varepsilon \in R$：随机误差项。

这样，通过线性回归模型在非结构化图像数据和连续型因变量之间建立了简单的相关关系。以此为基础，接下来通过一个案例介绍如何在 TensorFlow 的框架下实现线性回归模型。

3.3.2 案例：美食图像评分

在本案例中，X 变量是各种美食图像，如图 3.2 所示；因变量 Y 是每张图像的打分。下面简要介绍本案例数据的情况。

1. 数据介绍

本案例数据集来源于网上的开源项目，我们从 Flickr 上收集用户上传的各种食物图像，由于上传用户不同的偏好，图像的主体大小、颜色和构图都不尽相同。经过人工筛选，最终收集到了 196 张图像用于案例分析。为了得到每张图像的

扫一扫

案例：美食图像评分

打分数据；我们组织了一个由 5 个人构成的研究小组，每个人对每张美食图像进行 1~5 分的评分，其中 1 分代表图像非常不吸引人，5 分代表图像非常吸引人，最后取平均分作为每张图像的最终得分，从而得出本案例的因变量 Y。需要强调一点的是，由于每个人的主观偏好不同，所以每张图像的最终打分并不能代表客观真实的评分，数据仅用于本次案例教学分析。

图 3.2　美食图像展示

2．准备 X+Y 数据

首先，把数据整理好，放在特定目录结构下，读入 Y 数据，如代码示例 3-7 所示。

代码示例 3-7：读入 Y 数据

```
import pandas as pd
MasterFile=pd.read_csv('./FoodScore.csv')
print(MasterFile.shape)
MasterFile[0:5]
```

首先，加载 pandas 包并将其命名为 pd；其次，read_csv 函数读入文件；然后，打印数据形状；最后，展示数据的前 5 行。从输出结果可以看到，数据集一共含有 196 张图像，其中第 1 列是图像编号，第 2 列为得分情况，具体输出结果如下。

```
(196, 2)
```

	ID	score
0	pic1	2.750333
1	pic2	2.982092
2	pic3	3.459351
3	pic4	2.246845
4	pic5	2.609172

接下来,对美食图像打分数据绘制直方图,以观察数据分布的形态以及是否有异常值存在。

总体来看近似呈正态分布，大多数美食图像得分集中在 3.5～4.0，少部分得分较高，接近 5.0，少部分得分较低，仅为 1 分左右。具体如代码示例 3-8 所示。

代码示例 3-8：绘制直方图

```
MasterFile.hist()
```

输出结果为：

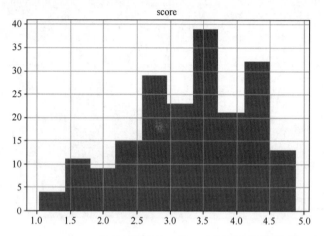

FoodScore.csv 文件有两列：第 1 列是图像的编号，同时也是图像的文件名；第 2 列为图像得分。为了后续建模方便，需要把因变量 Y 分离出来。具体如代码示例 3-9 所示。

代码示例 3-9：分离因变量 Y

```
import numpy as np
FileNames=MasterFile['ID']
N=len(FileNames)
Y=np.array(MasterFile['score']).reshape([N,1])
```

Y 的分离需要使用 NumPy 中的 array() 函数将 MasterFile 中的 score 取出并转化为普通数组，通过 .reshape 函数转换为 n 行 1 列的向量。接下来采用 Image 包读取和处理图像数据。具体如代码示例 3-10 所示。

代码示例 3-10：处理图像数据

```
from PIL import Image
IMSIZE=128
X=np.zeros([N,IMSIZE,IMSIZE,3])
for i in range(N):
    MyFile=FileNames[i]
    Im=Image.open('../case3-food/data/'+MyFile+'.jpg')
    Im=Im.resize([IMSIZE,IMSIZE])
    Im=np.array(Im)/255
    X[i,]=Im
```

由于不同图像的分辨率不同，无法将图像统一输入给 TensorFlow 进行处理，因而首先要统一所有图像的像素。这里主观地设定 IMSIZE=128。通过 NumPy 中的 zeros()函数初始化一个四维立体矩阵，其中 N 代表图像的数量，IMSIZE 是像素水平，由于是彩色图像，所以有 3 个通道，最后一个参数是 3。

接下来，需要把每一张彩色图像变成立体矩阵存储在计算机中。函数 Image.open()用来打开图像文件，resize 函数用来将图像转换成 128 像素×128 像素，然后通过 np.array()将其变成数组形式，此时数组大小为 128 像素×128 像素×3，取值范围为 0～255。为了后续建模的需要，我们将原始数据再除以 255 变成 0～1 的数，最后得到 128 像素×128 像素×3 的立体矩阵，并且每个元素取值范围为 0～1。至此，X 和 Y 数据均已准备好。

3．数据展示

由于数据处理过程可能出现异常现象和错误，因此最好在 X 和 Y 数据准备好后，先展示数据，确定无误后再做模型分析。这里展示前 10 张图像。具体如代码示例 3-11 所示。

代码示例 3-11：展示前 10 张图像

```
from matplotlib import pyplot as plt
plt.figure()
fig,ax=plt.subplots(2,5)
fig.set_figheight(7.5)
fig.set_figwidth(15)
ax=ax.flatten()
for i in range(10):
    ax[i].imshow(X[i,:,:,:])
    ax[i].set_title(np.round(Y[i],2))
```

输出结果为：

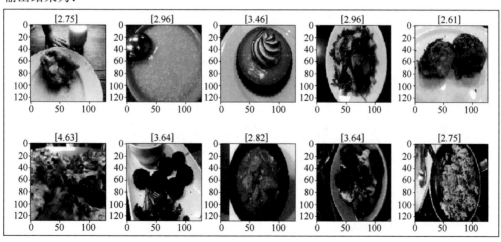

首先需要加载 pyplot 包实现画图功能。然后通过 plt.figure()初始化一个画板，plt.subplots(2,5)将画板切分为 2 行 5 列，设置高度为 7.5 个单位，宽度为 15 个单位。用 ax 变量记录图像位置，为了能用一层循环遍历所有元素，用 flatten()函数将 ax 变量拉直，拉直后的 ax 是长度为 10 的数组。接下来通过 imshow()函数展示 X 中的第 i 个图像，同时通过 set_title()函数将每张图像的因变量作为标题展示在图像上方，np.round()函数用于将因变量保留两位小数。

4．切分训练集与测试集

数据准备好之后，我们要将数据切分为训练集和测试集，其中训练集用于模型训练，测试集用来验证模型的精度。在 TensorFlow 中可以直接调用 train_test_split 实现训练集和测试集的切分，其中 test_size()规定测试集的占比，random_state()固定随机种子，以保证结果可重复。经过数据切分，得到训练数据集 X0，Y0 和验证数据集 X1，Y1。具体如代码示例 3-12 所示。

代码示例 3-12：切分训练集与测试集

```
from sklearn.cross_validation import train_test_split
X0,X1,Y0,Y1=train_test_split(X,Y,test_size=0.5,random_state=0)
```

5．线性回归模型构建

首先需要从 Keras 中载入 Dense、Flatten、Input 和 Model 模块，定义输入层 input_layer=Input([IMSIZE,IMSIZE,3])；之后用 Flatten()函数将其拉直，x 从立体向量变为一个长向量，这是为后面的全连接层做准备。

Flatten()函数有两个输入，其中第 1 个括号是空的，因为普通线性回归不需要其他额外的定义，第 2 个输入的 x 是 128×128×3 的立体矩阵，经过 Flatten 之后输出一个长向量 x。Dense()是全连接层，其中第一个()中的 1 表示不管输入多长的向量，最后只输出一个标量。对于线性回归模型，Y 就是一个输出节点，所以 Dense()函数实现的是将向量 x 进行线性组合变成标量 x，然后输出。

定义最后输出的 x 为 output_layer，最后用 Model()函数将 input_layer 和 output_layer 结合起来，完成整个模型的设计结构。具体如代码示例 3-13 所示。

代码示例 3-13：线性回归模型的构建

```
from keras.layers import Dense, Flatten, Input
from keras import Model
input_layer=Input([IMSIZE,IMSIZE,3])
x=input_layer
x=Flatten()(x)
x=Dense(1)(x)
output_layer=x
model=Model(input_layer,output_layer)
model.summary()
```

输出结果为：

```
Layer (type)                Output Shape              Param #
=================================================================
input_4 (InputLayer)        (None, 128, 128, 3)       0
_____
flatten_4 (Flatten)         (None, 49152)             0
_____
dense_4 (Dense)             (None, 1)                 49153
=================================================================
Total params: 49,153
Trainable params: 49,153
Non-trainable params: 0
```

model 储存了模型的所有信息，通过 model.summary()可以总结并打印输出模型信息。观察输出结果可知，整个模型需要 49 153 个参数。这是因为一共有$128 \times 128 \times 3 = 49\ 152$个元素，每个元素需要一个权重，此外还有一个截距项，所以模型消耗的总参数就是 49 153 个。

6．模型编译

模型构建好之后就是模型训练，在 Keras 中通过编译（Compile）实现，具体如代码示例 3-14 所示。该步骤涉及以下 3 个参数。

（1）损失函数（Loss Function）：即模型如何衡量在训练数据上的性能。

（2）优化器（Optimizer）：基于训练数据和损失函数更新网络的机制。

（3）在训练和测试过程中需要监控的指标（Metric）：本案例使用残差平方和 MSE。

代码示例 3-14：模型编译

```
from keras.optimizers import Adam
model.compile(loss='mse',optimizer=Adam(lr=0.001),metrics=['mse'])
```

调用 model.compile 函数优化模型，其中定义 loss='mse'表示要优化的损失函数是最小二乘估计中的残差平方和。优化算法选择 Adam，学习率是 0.001，metrics=['mse']表示监控指标是 MSE。

7．模型拟合

最后用 model.fit 验证模型的外样本精度。具体如代码示例 3-15 所示。

代码示例 3-15：模型拟合

```
model.fit(X0,Y0,
          validation_data=[X1,Y1],
          batch_size=100,
          epochs=100)
```

其中训练数据集为 X0，Y0，验证数据集 validation_data=[X1，Y1]。batch_size=100 表示每个 Batch 的样本量为 100，所有 Batch 遍历完称为一个 Epoch 循环。为了使收敛结果好，可以适当增加 Epoch 循环的次数。受篇幅所限，在此仅展示前 6 次和最后 6 次的循环结果。前 6 次循环的结果如图 3.3 所示。

```
Train on 98 samples, validate on 98 samples
Epoch 1/300
98/98 [==============================] - 0s 2ms/step - loss: 10.5298 - mean_squared_error: 10.5298 - val_los
s: 226.0587 - val_mean_squared_error: 226.0587
Epoch 2/300
98/98 [==============================] - 0s 362us/step - loss: 237.5674 - mean_squared_error: 237.5674 - val_
loss: 8.4038 - val_mean_squared_error: 8.4038
Epoch 3/300
98/98 [==============================] - 0s 356us/step - loss: 8.3414 - mean_squared_error: 8.3414 - val_los
s: 96.8632 - val_mean_squared_error: 96.8632
Epoch 4/300
98/98 [==============================] - 0s 355us/step - loss: 102.5253 - mean_squared_error: 102.5253 - val_
loss: 134.8119 - val_mean_squared_error: 134.8119
Epoch 5/300
98/98 [==============================] - 0s 358us/step - loss: 142.6622 - mean_squared_error: 142.6622 - val_
loss: 39.2817 - val_mean_squared_error: 39.2817
Epoch 6/300
98/98 [==============================] - 0s 365us/step - loss: 41.4079 - mean_squared_error: 41.4079 - val_lo
ss: 4.5740 - val_mean_squared_error: 4.5740
```

图 3.3　前 6 次循环的结果

后 6 次循环的结果如图 3.4 所示。

```
Epoch 295/300
98/98 [==============================] - 0s 367us/step - loss: 0.0167 - mean_squared_error: 0.0167 - val_los
s: 1.2491 - val_mean_squared_error: 1.2491
Epoch 296/300
98/98 [==============================] - 0s 366us/step - loss: 0.0165 - mean_squared_error: 0.0165 - val_los
s: 1.2493 - val_mean_squared_error: 1.2493
Epoch 297/300
98/98 [==============================] - 0s 365us/step - loss: 0.0163 - mean_squared_error: 0.0163 - val_los
s: 1.2495 - val_mean_squared_error: 1.2495
Epoch 298/300
98/98 [==============================] - 0s 365us/step - loss: 0.0161 - mean_squared_error: 0.0161 - val_los
s: 1.2498 - val_mean_squared_error: 1.2498
Epoch 299/300
98/98 [==============================] - 0s 368us/step - loss: 0.0159 - mean_squared_error: 0.0159 - val_los
s: 1.2500 - val_mean_squared_error: 1.2500
Epoch 300/300
98/98 [==============================] - 0s 365us/step - loss: 0.0157 - mean_squared_error: 0.0157 - val_los
s: 1.2502 - val_mean_squared_error: 1.2502
```

图 3.4　后 6 次循环的结果

我们的监测目标是均方误差（mean squared error，MSE）。TensorFlow 会输出每次循环的结果，其中 val_mean_squared_error 表示测试集上的 MSE。在 300 次迭代中，刚开始，外样本的 MSE 高达 200 多。但接近 200 次时，外样本的 MSE 已经降到 1.25，且最后几次都在 1.25 附近徘徊，表明结果已收敛，这就是该线性回归模型的外样本精度。

8. 模型预测

最后，用这个模型进行预测。输入任意一张美食图像，会输出什么结果呢？大家不妨自己尝试一下。具体如代码示例 3-16 所示。

代码示例 3-16：模型预测

```
MyPic=Image.open('mypic.jpg')
MyPic
MyPic=MyPic.resize((IMSIZE,IMSIZE))
MyPic=np.array(MyPic)/255
```

```
MyPic=MyPic.reshape((1,IMSIZE,IMSIZE,3))
model.predict(MyPic)
```

3.4　逻辑回归模型的 TensorFlow 实现

通过 3.3 节的学习，我们了解了如何在 TensorFlow 框架下实现普通线性回归模型。这种线性回归的输入不再是一个向量，而是一张图像，而它的输出是一个连续型的变量。在真实的深度学习图像应用中，分类问题非常普遍，甚至比连续型变量更为常见。例如，处理二分类问题时，最常用的就是逻辑回归模型；当二分类问题变成多分类问题时，逻辑回归就变成了 Softmax 回归。本节将介绍如何利用 TensorFlow 构建逻辑回归模型[①]。

3.4.1　逻辑回归模型

逻辑回归（Logistic Regression）是一种广义线性回归模型，用于处理因变量是二分类的问题。它的名字虽然叫回归，但实际上处理的是分类任务，即把不同类别的样本区分开。

对于一个二分类问题，因变量 $y \in \{0,1\}$，其中 1 表示正例，0 表示负例，则逻辑回归的数学表达式如式（3.1）所示。

$$P(Y_i = 1 | X_i, \beta) = \frac{\exp(X_i^T \beta)}{1 + \exp(X_i^T \beta)} \tag{3.1}$$

各参数的含义如下。

exp()：表示以 e 为底的指数函数。

$X_i = (X_{i1}, X_{i2}, \cdots, X_{ip})^T \in R^p$ 是第 i 个样本的 p 维解释性变量。

$\beta = (\beta_1, \cdots, \beta_p)^T \in R^p$ 是 p 维解释性变量对应的回归系数。

式（3.1）最直观的解释是，对于第 i 个样本，给定输入 X_i 和参数 β，它的标签 $Y_i = 1$ 的概率。因为二分类问题只有两个标签，所以 $Y_i = 0$ 的概率就是 $1 / \{1 + \exp(X_i^T \beta)\}$。

3.4.2　Softmax 回归模型

当二分类问题扩展为多分类问题时，逻辑回归就变成 Softmax 回归。其中 Softmax 是指 Softmax 函数，公式如下。

$$y_k = \frac{\exp(a_k)}{\sum_{i=1}^n \exp(a_i)} \tag{3.2}$$

各参数的含义如下。

exp()：表示以 e 为底的指数函数。

---

① 对于分类问题的建模，可以统一称为逻辑回归模型，但实际上逻辑回归既可以代表二分类，也可以代表多分类。

y_k：代表第 k 个神经元的输出。

a_i：代表第 i 个输入信号。

从式（3.2）可以看出，Softmax 函数的分子是第 k 个输入信号 a_k 的指数函数，分母是所有输入信号的指数函数的和。Softmax 函数有以下两个重要性质。

（1）函数的输出是 0～1 的实数。

（2）函数的输出总和是 1。

其中输出总和为 1 是 Softmax 函数的一个重要性质，正是因为有了这个性质，才可以把 Softmax 函数的输出解释为"概率"。因此，Softmax 函数常被用在解决分类问题的神经网络模型的输出层。对于一个 N 分类问题，输出层的神经元个数就是类别个数，Softmax 函数会计算每个神经元对应类别的概率值，然后把输出值最大的神经元对应的类别作为最后的识别结果。

Softmax 回归的数学表达式如式（3.3）所示。

$$P(Y_i = j \mid X_i, \beta) = \frac{\exp(X_i^{\mathrm{T}} \beta_j)}{\sum_{k=1}^{K} \exp(X_i^{\mathrm{T}} \beta_k)} \tag{3.3}$$

各参数的含义如下。

$Y_i \in \{1, 2, \cdots, K\}$ 是一个分类因变量。

$X_i = (X_{i1}, X_{i2}, \cdots, X_{ip})^{\mathrm{T}} \in R^p$ 是第 i 个样本的 p 维解释性变量。

$\beta_k = (\beta_{k1}, \cdots, \beta_{kp})^{\mathrm{T}} \in R^p$ 是第 k 个类别对应的回归系数向量。

式（3.3）表示，对于第 i 个样本，模型在给定 X_i 和参数 β 的条件下，计算 Y_i 属于第 j 个类别的概率。对于每个样本 i，可以计算它属于第 $1, 2, \cdots, K$ 每个类别的概率，将这些概率排序，选取最大的概率作为样本 i 所属的类别。这就是 Softmax 回归处理多分类问题的基本原理。

3.4.3 案例：手写数字识别

本案例使用 MNIST 数据集，这是深度学习领域非常经典的一个数据集，人们已经对其进行了深入研究。案例数据集来自美国国家标准与技术研究所（National Institute of Standards and Technology，NIST）。训练集（Training Set）由 250 个不同的人手写的数字构成，其中 50% 是高中学生，50% 来自人口普查局（The Census Bureau）的工作人员。测试集（Testing Set）也是同样比例的手写数字数据。该案例的目的是区分 0～9 这 10 个数字。

扫一扫

案例：手写数字
识别

1. 导入 MNIST 数据

MNIST 数据被包含在 TensorFlow 的 example 模块中，只需要通过以下两行代码就可以将数据读入，并将其下载到本地目录中。具体如代码示例 3-17 所示。

代码示例 3-17：读取 MNIST

```
from tensorflow.examples.tutorials.mnist import input_data
data = input_data.read_data_sets("data/MNIST/",one_hot=False)
```

在第 2 行代码中，参数 one_hot=False 表示将因变量用一个标量表示，而非 one-hot 编码形式。这是因为对于多分类的因变量 Y_i 有两种存储方式，一种是标量（本案例的形式），即直接取 $Y = 1,2,3,\cdots,K$；另一种是 one-hot 形式，即用一个长度为 K 的向量表示，Y_i 属于的类别对应位置为 1，其他位置为 0。

2．准备训练数据与测试数据

因为 MNIST 数据是 TensorFlow 提前准备好的，所以可以通过自带的函数.train 和.validation 将数据集划分为训练集（$X0$ 与 $Y0$）和测试集（$X1$ 与 $Y1$）。具体如代码示例 3-18 所示。

代码示例 3-18：划分训练集与测试集

```
X0 = data.train.images
Y0 = data.train.labels
X1 = data.validation.images
Y1 = data.validation.labels
print(X0.shape)
```

输出结果为：

```
(55000, 784)
```

打印训练集 $X0$，可以看到 $X0$ 是一个 $55\,000 \times 784$ 的矩阵，这说明训练数据的样本量为 55 000，并且有 784 列。之所以有 784 列，是因为 TensorFlow 将原始图像的像素矩阵（28×28）直接拉直成了长度为 784（$=28 \times 28$）的向量。

3．手写数字展示

首先从 Matplotlib 中加载 pyplot 包，并将其命名为 plt。然后，利用函数 figure()初始化画板，通过 subplots()将画板分割成 2 行 5 列的矩阵，将输出 ax 拉直成长度为 10（$=2 \times 5$）的数组。取出数字 0～9 对应的训练集第一张图像，即将 $Y0 = i$ 的第一个向量取出来，然后用函数 reshape 将向量重新变成一个 28×28 的矩阵，最后用 im.show()将 10 张图像展示出来。具体如代码示例 3-19 所示。

代码示例 3-19：手写数字展示

```
from matplotlib import pyplot as plt
plt.figure()
fig,ax = plt.subplots(2,5)
ax=ax.flatten()
for i in range(10):
    Im=X0[Y0==i][0].reshape(28,28)
    ax[i].imshow(Im)
plt.show()
```

输出结果为：

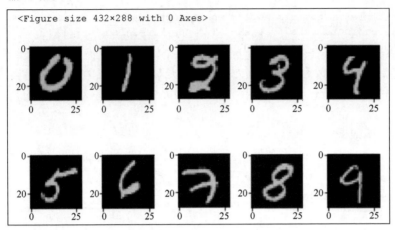

4．产生 one-hot 型因变量

为了符合 TensorFlow 的建模要求，需要使用函数 to_categorical 将因变量 $Y0$ 处理成 one-hot 编码形式。具体如代码示例 3-20 所示。

代码示例 3-20：产生 one-hot 型因变量

```
Y0
from keras.utils import to_categorical
YY0=to_categorical(Y0)
YY1=to_categorical(Y1)
YY1
```

输出结果为：

```
array([[0., 0., 0., ..., 0., 0., 0.],
       [1., 0., 0., ..., 0., 0., 0.],
       [0., 0., 0., ..., 0., 0., 0.],
       ...,
       [0., 0., 1., ..., 0., 0., 0.],
       [0., 1., 0., ..., 0., 0., 0.],
       [0., 0., 1., ..., 0., 0., 0.]], dtype=float32)
```

5．逻辑回归模型的构建

在 TensorFlow 的框架下搭建逻辑回归模型，具体如代码示例 3-21 所示。

代码示例 3-21：逻辑回归

```
from keras.layers import Activation, Dense, Flatten, Input
from keras import Model

input_shape=(784,)
input_layer=Input(input_shape)
x=input_layer
x=Dense(10)(x)
```

```
x=Activation('softmax')(x)
output_layer=x
model=Model(input_layer,output_layer)
```

首先，从 Keras 中加载需要的包，Input_shape()用于定义输入层的大小，为了与 $X0$ 的存储形式相匹配，此处设定 Input()的输入必须为长度是 784 的向量。然后将 input_layer 赋给 x，这时 x 就是一个可以流动的 Tensor。接下来，对 x 进行 10 次充分的线性组合输出到 10 个节点，即 Dense()中的 10 代表 10 分类需要每个节点对应一个特定分类目标。此时，每个节点的输出为 x 的线性组合，接下来，通过激活函数 Softmax，将 x 的线性组合经过非线性变换转化为概率的形式，作为 output_layer 的输出。最后将 input_layer 与 output_layer 传入 Model()中并定义为 model，这样就完成了整个 Softmax 回归模型框架的搭建。

模型搭建好后，可以通过 model.summary()查看模型结构和参数概要。从图 3.5 可以看到，模型一共需要 $784 \times 10 + 10 = 7\,850$ 个参数，这是因为每一个输出节点需要 784 个参数以及 1 个截距项。

```
model. summary()

Layer (type)                    Output Shape          Param #
=================================================================
input_1 (InputLayer)            (None, 784)           0

dense_1 (Dense)                 (None, 10)            7850

activation_1 (Activation)       (None, 10)            0
=================================================================
Total params: 7,850
Trainable params: 7,850
Non-trainable params: 0
```

图 3.5　逻辑回归模型结构和参数概要

6．模型编译

逻辑回归模型的编译与线性回归有以下两点不同。具体如代码示例 3-22 所示。

（1）损失函数不是 MSE，而是对数似然函数，在 TensorFlow 框架下，这个损失函数称为 categorical_crossentropy。

（2）线性回归优化与监控的目标是统一的，都为 MSE。而多分类问题优化的目标是对数似然函数，但监控的目标为精度，设置 metrics=accuracy。

代码示例 3-22：模型编译

```
from keras.optimizers import Adam
model.compile(optimizer = Adam(0.01),
              loss = 'categorical_crossentropy',
              metrics = ['accuracy'])
```

7．模型拟合

接下来使用 model.fit()拟合模型，其中输入为 $X0$ 与 $YY0$，相应地，测试集为 $X1$ 与 $YY1$。

定义 batch_size 为 1 000，设置循环次数（epochs）为 10。具体如代码示例 3-23 所示。

代码示例 3-23：模型拟合

```
model.fit(X0,YY0,
          validation_data=(X1,YY1),
          batch_size=1000,
          epochs=10)
```

输出结果为：

```
Train on 55000 samples, validate on 5000 samples
Epoch 1/10
55000/55000 [==============================] - 1s 11us/step - loss: 0.5919 - acc: 0.8302 - val_loss: 0.3270 - val_acc: 0.9110
Epoch 2/10
55000/55000 [==============================] - 0s 3us/step - loss: 0.3219 - acc: 0.9096 - val_loss: 0.2920 - val_acc: 0.9188
Epoch 3/10
55000/55000 [==============================] - 0s 2us/step - loss: 0.2952 - acc: 0.9172 - val_loss: 0.2744 - val_acc: 0.9228
Epoch 4/10
55000/55000 [==============================] - 0s 2us/step - loss: 0.2813 - acc: 0.9215 - val_loss: 0.2689 - val_acc: 0.9268
Epoch 5/10
55000/55000 [==============================] - 0s 2us/step - loss: 0.2732 - acc: 0.9241 - val_loss: 0.2651 - val_acc: 0.9258
Epoch 6/10
55000/55000 [==============================] - 0s 2us/step - loss: 0.2677 - acc: 0.9255 - val_loss: 0.2584 - val_acc: 0.9286
Epoch 7/10
55000/55000 [==============================] - 0s 2us/step - loss: 0.2620 - acc: 0.9272 - val_loss: 0.2582 - val_acc: 0.9290
Epoch 8/10
55000/55000 [==============================] - 0s 2us/step - loss: 0.2575 - acc: 0.9287 - val_loss: 0.2596 - val_acc: 0.9278
Epoch 9/10
55000/55000 [==============================] - 0s 2us/step - loss: 0.2550 - acc: 0.9292 - val_loss: 0.2596 - val_acc: 0.9276
Epoch 10/10
55000/55000 [==============================] - 0s 2us/step - loss: 0.2516 - acc: 0.9299 - val_loss: 0.2615 - val_acc: 0.9258
```

从输出结果可以看到，逻辑回归模型外样本精度达到了 92%。然而这个现象是不典型的。这里的极高精度是因为数据集的图像大小与格式非常统一，没有出现大小与角度的差异现象。本案例使用的数据集中的数据处理做得非常好，但是这种情况在真实的数据处理过程中是很罕见的，通常这样的处理工作需要用户自己完成。

8．参数估计结果可视化

最后我们希望知道逻辑回归模型的参数估计结果。由于逻辑回归的参数数量十分庞大，因此像普通回归分析那样对每个参数的大小与正负进行解读是不现实的。为此这里介绍一种粗糙的方法来展示参数估计的结果——可视化。

（1）使用 model.layers() 查看模型各层，该模型一共有 3 层，分别为 input_Layer、Dense 和 Activation。具体如代码示例 3-24 所示。

代码示例 3-24：查看模型各层

```
model.layers
```

输出结果为：

```
[<keras.engine.input_layer.InputLayer at 0x7fdfe905acf8>,
 <keras.layers.core.Dense at 0x7fdfe905a0b8>,
 <keras.layers.core.Activation at 0x7fdfe905ada0>]
```

通过 model.layers[1].get_weights() 获得 Dense 层的参数估计结果，具体如代码示例 3-25 所

示。从结果可以看到，第 1 个 array 是 X 的系数 β 的估计，第 2 个 array 是 10 分类问题中的 10 个截距项。对于第 2 个 array，它过于简单，且无法可视化，因此不进行讨论。

代码示例 3-25：获得 Dense 层的多数估计结果

```
model.layers[1].get_weights()
```

输出结果为：

```
[array([[ 0.04430524, -0.03012908,  0.053944  , ..., -0.01990456,
          0.07254929,  0.04169735],
        [-0.06464354, -0.0822088 , -0.0144455 , ...,  0.04226541,
         -0.01878938, -0.08062506],
        [-0.06886224,  0.01508623, -0.07634559, ...,  0.03145419,
          0.07725156, -0.00637739],
        ...,
        [ 0.00254149, -0.02101257, -0.02295888, ...,  0.06183235,
         -0.00167417, -0.00679378],
        [ 0.00660004, -0.02198538,  0.04199997, ...,  0.06425747,
         -0.02189104,  0.05433848],
        [ 0.00310572,  0.04917084,  0.00389696, ..., -0.02538599,
         -0.00926199,  0.08315114]], dtype=float32),
 array([-0.42556524,  0.56858474,  0.06975957, -0.41390306,  0.15886864,
         1.4557923 , -0.13749896,  0.71598876, -1.3713254 , -0.31129152],
        dtype=float32)]
```

（2）利用 .shape() 查看第 1 个 array 的维度。从结果可以看到，这是一个 784 行 10 列的参数矩阵，每一列对应一类参数估计结果。具体如代码示例 3-26 所示。

代码示例 3-26：查看参数矩阵维度

```
model.layers[1].get_weights()[0].shape
```

输出结果为：

```
(784, 10)
```

（3）将参数结果进行可视化。具体如代码示例 3-27 所示。

代码示例 3-27：参数可视化

```
plt.figure()
fig,ax = plt.subplots(2,5)
ax=ax.flatten()
weights = model.layers[1].get_weights()[0]
for i in range(10):
    Im=weights[:,i].reshape((28,28))
    ax[i].imshow(Im,cmap='seismic')
    ax[i].set_title("{}".format(i))
    ax[i].set_xticks([])
    ax[i].set_yticks([])
plt.show()
```

输出结果为：

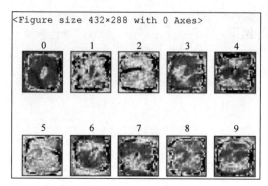

此段代码画图的对象来自 Dense 层第 1 个 array 的参数估计结果。由第（2）步可知，这是一个 784×10 的矩阵，每一列对应一类参数估计结果，通过循环的方式展示 0～9 每个类别的结果。为了便于可视化，需要将长度为 784 的向量转换成 28×28 的矩阵才能展示。客观地说，从这幅图中并没有看到什么有用的信息，仅作为教学案例进行展示。

课后习题

1. 请在实际生活中，找到 3 种基于图像的有趣应用，并梳理出其中的 X 和 Y。

2. 结合 3.3.2 节的美食图像评分案例，你还能想到哪些其他 X？将其放在模型中，建立一个新的线性回归模型，并与书中模型的精度进行对比。

3. 除了图像这种非结构化的 X 变量，你还遇到过哪些其他非结构化变量？请举例说明。

4. 对于 3.4 节的逻辑回归模型，能否对代码提出改进意见，并实现更好的精度预测？

5. 请思考还有哪些多分类问题可以被规范成逻辑回归并可以在 TensorFlow 的框架下实现？

第**4**章　卷积神经网络基础

【学习目标】

通过本章的学习，读者可以掌握：

1．卷积神经网络的基本结构；

2．卷积的概念、分类、原理，TensorFlow 实现和相关性质；

3．池化的概念、分类、原理与 TensorFlow 实现。

了解：

卷积和池化的通俗理解。

【导言】

前面章节介绍了全连接神经网络的相关知识，本章将介绍一种全新的神经网络结构——卷积神经网络（Convolutional Neural Network，CNN）。在很多场合都能看到卷积神经网络的身影，如图像识别、自然语言处理、语音识别等，但 CNN 最主要的应用还是在图像识别领域。因此，本章将基于图像识别问题来讲解卷积神经网络的原理。

相对于全连接神经网络而言，卷积神经网络进步的地方是引入了卷积层结构和池化层结构，这两种层结构是 CNN 的重要组成部分。本章首先介绍卷积神经网络的基本结构；然后用一个例子解释对卷积和池化的通俗理解；接着，从更严格的角度介绍卷积的概念、原理与实现、分类和相关性质；最后，介绍池化的概念、原理、实现和分类。学习完本章内容，读者将对卷积神经网络有初步的了解。

4.1　卷积神经网络的基本结构

卷积神经网络又称卷积网络（Convolutional Network），是在图像处理和计算机视觉领域应用较为广泛的一种神经网络。相对于全连接神经网络而言，卷积神经网络进步的地方是引入了卷积层结构和池化层结构，这两种层结构是 CNN 重要的组成部分。一个比较简单的卷积神经网络结构如图 4.1 所示。

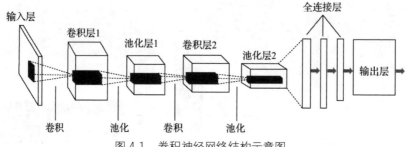

图 4.1　卷积神经网络结构示意图

为了体现卷积神经网络深度的概念，在图 4.1 中，每一层的单元都被组织成了一个三维矩阵（高度、宽度和深度）的形式，其中虚线部分表示卷积神经网络内部的连接情况。从图 4.1 可以看出，一个卷积神经网络主要包含 5 层：输入层、卷积层、池化层、全连接层和输出层。

（1）输入层。输入层就是要定义整个模型的输入。更具体而言，就是要对输入的数据 X（一个 Tensor）的形状做非常具体的限制。例如，在图像分类问题中，输入是图像的像素矩阵。由前面的知识可知，如果是黑白图像，则深度为 1（因为只有 1 个通道）；如果是彩色图像，则深度为 3（因为有 R、G、B 3 个通道）。

（2）卷积层。图 4.1 包含两个卷积层，卷积层实现对上一层输入的变换操作。具体地，通过若干个卷积核（大小可能为 3×3 或 5×5）对上一层输入进行扫描，从而在较大程度上提取原始像素矩阵的特征。卷积层的作用就是获得更多图像的抽象特征。

（3）池化层。能够在宽度和高度方向上缩小上一层矩阵的大小，但深度并不会比上一层更深。此外，池化层能达到减少网络中参数的目的。

（4）全连接层。图 4.1 所示结构在卷积和池化之后构建了 3 个全连接层。卷积和池化可以看成是图像特征提取的结果，而全连接层的建立则是为后续分类任务做准备。

（5）输出层。通过该层可以得到输入样本所属类别的概率分布情况。

4.2　卷积与池化的通俗理解

我们已知卷积神经网络中有两个非常重要的层，分别是卷积层和池化层。那么，到底什么是"卷积"，什么是"池化"？下面以一个简单直观的例子说明。注意这个例子只能帮助我们直观地理解卷积与池化，但不属于严谨的定义。

扫一扫

卷积与池化的通俗理解

4.2.1　对卷积的理解

假设现在有一张身份证，如图 4.2 所示，我们需要知道身份证是属于熊大，还是熊二、熊

三、熊四。这时，我们需要解决的问题是识别身份证上是否出现了熊大的照片。人的肉眼很容易分辨这张照片是谁的，但是计算机就没那么容易了。

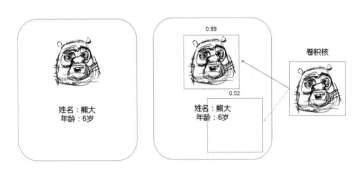

图 4.2　卷积与池化的直观示例

计算机相比于人来说，解决这个问题的方法更加机械化，具体过程如下。

（1）首先需要一张被转换为像素矩阵的熊大照片，该照片记录了熊大的图像特征。这张图像的像素矩阵称为"卷积核"。

（2）计算机会用这个"卷积核"（即熊大图像的特征）扫描身份证这个大图像，寻找是否有某个位置出现熊大的特征。

（3）将卷积核与身份证上某个位置的图像特征进行相似度计算，这个计算就是"卷积"。如果计算的结果非常大，如 0.99，就可以认为这个位置的照片很大程度上符合熊大的照片特征；如果计算的结果很小，如 0.02，就可以认为在这个位置不太可能出现熊大的图像。

4.2.2　对池化的理解

如果利用卷积核在身份证这个大图像的整个平面上扫描，且没有出现特别强的相似性，则说明身份证上没有熊大的照片出现。熊大图像是否出现在身份证上，只依赖于计算出的相似特征的最大值，即只需要有一个局部图像与熊大照片非常相像，就可以认为身份证上出现了熊大头像。如果最大值不够大，则认为身份证图像中没有出现过熊大的照片。因此，卷积核在图像上不断扫描的过程中，我们只关心卷积计算结果的最大值。这个最大化的操作，就是一种特殊的池化方法，被称为最大值池化（Max-Pooling）。

简言之，卷积就是计算某种局部的相似性，而池化就是将某种最突出的相似性选择出来。本章以下内容将从更严谨的角度对"卷积"与"池化"进行定义。

4.3　卷积

卷积（Convolutional）是一种特殊的线性运算，用来代替一般的矩阵乘法运算。在图像处理中，针对图像的像素矩阵，卷积就是用一个卷积核来逐行逐列地扫描像素矩阵，并与像素矩阵中的元素相乘，由此得到新的像素矩阵，这个过程称为卷积。以图 4.3 为例，将一张图像简化为只有 1 个通道的 5×5 矩阵（即输入是 5×5×1），使用的卷积核是图 4.3 中 3×3 的灰色矩阵。

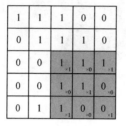

输入图片　　　　　　　　输出特征图

图 4.3　卷积计算示例

卷积操作就是用 3×3 的卷积核从上到下逐行逐列扫描 5×5 的图像，每扫描一次，卷积核就与相应位置的图像数值进行线性组合。这样计算出的结果就形成了一个新的图像特征，称为输出特征图（Output Feature Map），是一个 3×3 的矩阵，如图 4.3 右侧所示的矩阵。该输出特征图仍然是一个 3D 张量，具有宽度和高度，其中深度可以是任意值，取决于使用了多少个卷积核，此时深度轴不再代表特定颜色。

如果上述例子使用了 10 个 3×3 大小的卷积核，那么输出特征图为 3×3×10，说明对于这 10 个通道，每个通道都包含一个 3×3 的矩阵，这是卷积核对输入的响应图（Response Map），表示卷积核在输入不同位置的响应。

因此，卷积运算由以下两个关键参数定义。

（1）卷积核的大小：通常是 3×3 或 5×5，本例中为 3×3。

（2）输出特征图的深度：由使用的卷积核的数量决定，本例中为 10。

上面所举的例子将一个 5×5 的图像矩阵变为了 3×3 的矩阵，这种变换并不是唯一的，只是一种特殊的卷积方式，不同方法的卷积计算产生的矩阵大小是不相同的。下面具体讨论这些方法。

4.3.1　卷积运算原理

卷积运算共有 3 种类型：full 卷积、same 卷积和 valid 卷积。下面以 3 行 3 列的二维张量 X 和 2 行 2 列的二维张量 K 的卷积进行介绍。其中 K 又称为卷积核或滤波器，如图 4.4 所示。

图 4.4　二维张量与二维卷积核

1. full 卷积

full 卷积的计算过程为：K 在 X 上按照先行后列的顺序移动，对应位置元素相乘，最后求和。full 是完全的意思，即只要像素矩阵与卷积核元素有一个位置重叠，就要计算，并将落在像素矩阵外的元素全部视为 0。具体过程如图 4.5 所示。

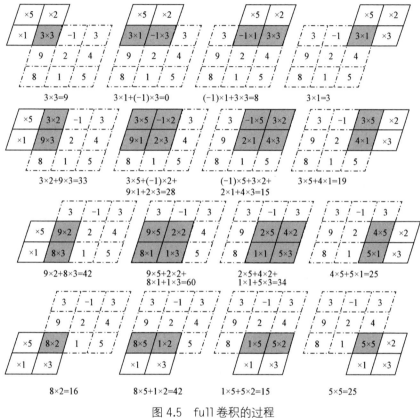

图 4.5 full 卷积的过程

最后将得到的值依次存入 C_{full} 中，得到图 4.6 所示的结果，是一个 4×4 的矩阵。

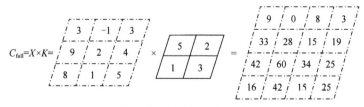

图 4.6 full 卷积的结果

这种卷积类型在实际应用当中有什么意义是未知的，它可能对有些数据有效，对有些数据无效。但是，full 卷积作为一种卷积的基础类型，是需要大家了解并掌握的。

TensorFlow 中实现二维卷积的函数如下。

```
tf.nn.conv2d(input,filter,strides,padding,use_cudnn_on_gpu = True,
             data_format = "NHWC",dilations = [1,1,1,1],name = None)
```

input：输入张量。

filter：卷积核尺寸。

strides：步长，[1,strides,strides,1]，其中第一位和最后一位必须为 1。

padding：卷积的形式，只有两种，SAME 和 VALID。

其他的参数不重要，采取默认值即可。

2. same 卷积

same 卷积是在实际应用中十分常见的卷积类型。same 的含义是卷积前后像素矩阵保持同样维度（步长为 1 时成立）。将 X 与 K 进行 same 卷积，首先需要为 K 指定一个起始点，然后将起始点按照先行后列的顺序移动到 X 的每一个位置处，对应位置的值相乘然后求和。假设卷积核 K 的高等于 H，宽等于 W，则起始点的位置可以由表 4.1 所示的规则获得。

表 4.1　确定起始点位置的规则表

高度（H）	宽度（W）	起点位置
偶数	偶数	$\dfrac{H-2}{2},\dfrac{W-2}{2}$
偶数	奇数	$\dfrac{H-2}{2},\dfrac{W-1}{2}$
奇数	偶数	$\dfrac{H-1}{2},\dfrac{W-2}{2}$
奇数	奇数	$\dfrac{H-1}{2},\dfrac{W-1}{2}$

如之前的例子，卷积核 K 的高为 2，宽也为 2，因此起始点的位置为 $(0,0)$，如图 4.7 所示。

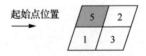

图 4.7　起始点的位置

same 卷积的具体计算过程如图 4.8 所示。将卷积后得到的值依次放入 C_{same} 中，得到图 4.9 所示的结果，即一个 3×3 的矩阵，可以看到最后的卷积结果和原始张量具有相同的维度。

上述过程在 TensorFlow 中可以利用函数 tf.nn.conv2d 实现，具体如代码示例 4-1 所示。

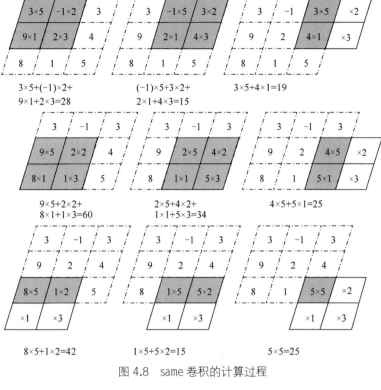

图 4.8 same 卷积的计算过程

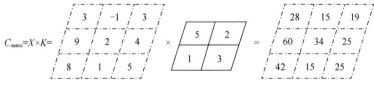

图 4.9 same 卷积的结果

代码示例 4-1：实现 same 卷积

```
import tensorflow as tf
X=tf.constant(
    [
        [
            [[3],[-1],[3]],
            [[9],[2],[4]],
            [[8],[1],[5]]
        ]
    ]
    ,tf.float32
)
K=tf.constant(
    [
```

```
        [
            [[5]],[[2]]],
        [
            [[1]],[[3]]
        ]
    ]
    ,tf.float32
)
conv=tf.nn.conv2d(X,K,(1,1,1,1),'SAME')
session=tf.Session()
print(session.run(conv))
```

输出结果为：

```
[[[[28.]
   [15.]
   [19.]]

  [[60.]
   [34.]
   [25.]]

  [[42.]
   [15.]
   [25.]]]]
```

3. valid 卷积

无论是 full 卷积还是 same 卷积，都会有卷积核 K 有部分延伸到 X 以外的情况，此时延伸的部分需要用 0 来填充后才能进行计算。本小节主要介绍另外一种卷积方式，即 valid 卷积。它只考虑 X 能完全被 K 覆盖的情况（即 K 在 X 内移动）。valid 卷积要求卷积核完全被覆盖在像素矩阵的有效范围之内。仍以图 4.4 所示的二维张量和二位卷积核为例，valid 卷积的具体计算过程如图 4.10 所示。

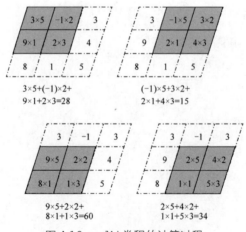

图 4.10　valid 卷积的计算过程

将得到的值依次存入 C_{valid} 中，结果为一个 2×2 的矩阵，如图 4.11 所示。

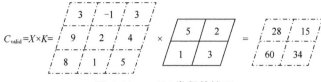

图 4.11 valid 卷积的结果

可以发现，经过 valid 卷积后，矩阵的维度变小了，这种类型的卷积似乎在数学上更为合理，但也带来了问题：矩阵维度发生了变化。维度变化的规律会随着像素矩阵与卷积核大小的不同而不同。因为矩阵维度的变化会影响到之后的计算，所以使用 valid 卷积需要十分小心，并时刻注意矩阵维度的变化。

上述过程在 TensorFlow 中可以利用函数 tf.nn.conv2d 实现，具体如代码示例 4-2 所示。

代码示例 4-2：实现 valid 卷积

```
import tensorflow as tf
X=tf.constant(
    [
        [
            [[3],[-1],[3]],
            [[9],[2],[4]],
            [[8],[1],[5]]
        ]
    ]
    ,tf.float32
)
K=tf.constant(
    [
        [
            [[5]],[[2]]],
        [
            [[1]],[[3]]
        ]
    ]
    ,tf.float32
)
conv=tf.nn.conv2d(X,K,(1,1,1,1),'VALID')
session=tf.Session()
print(session.run(conv))
```

输出结果为：

```
[[[[28.]
   [15.]]

  [[60.]
   [34.]]]]
```

4.3.2 卷积结果的输出

因为到目前为止，在我们讨论的卷积操作中，卷积核的移动步长（stride）都是 1，所以 R 行 L 列的 X 矩阵与 FR 行 FL 列的卷积核 K 的 same 卷积结果仍为 R 行 L 列，valid 卷积结果为 $R-FR+1$ 行 $L-FL+1$ 列。例如，X 的大小为 5 行 5 列，K 的大小为 3 行 3 列，则 valid 卷积结果为 5-3+1 行 5-3+1 列，即为 3 行 3 列。

下面讨论更一般的情况，假设在卷积过程中，卷积核在垂直方向的移动步长为 SR，在水平方向上的移动步长为 SL，则 same 和 valid 卷积的输出结果大小计算如表 4.2 所示。

表 4.2 same 卷积和 valid 卷积输出结果大小计算

	same 卷积	valid 卷积
输入张量大小	R 行 L 列	R 行 L 列
卷积核大小	FR 行 FL 列	FR 行 FL 列
垂直方向移动步长	SR	SR
水平方向移动步长	SL	SL
输出结果	ceil(R/SR)行 ceil(L/SL)列	floor($R-FR$)/SR+1 行 floor($L-FL$)/SL+1 列

其中 ceil(X)表示向上取整，取不小于 X 的最小整数。

例如，假设输入张量 X 的大小为 R=11 行，L=11 列，卷积核 K 的大小为 FR=3 行，FL=3 列，垂直方向上的移动步长 SR=2，水平方向的移动步长 SL=3，则 same 卷积后的结果为 ceil(R/SR)=ceil(11/2)=6 行，ceil(L/SL)=ceil(11/3)=4 列。

floor(X)表示向下取整，即取不大于 X 的最大整数。

例如，假设输入张量 X 的尺寸为 R=10 行，L=10 列，卷积核 K 的尺寸 FR=3 行，FL=3 列，垂直方向上的移动步长 SR=2，水平方向的移动步长 SL=3，则 valid 卷积后的结果为 floor($R-FR$)/SR+1=floor(10-3)/2+1=4 行，floor($L-FL$)/SL+1=floor[(10-3)/3]+1=3 列。

因为在实践中，一般很少进行步长超过 1 的卷积操作，所以如无特殊说明，卷积中的步长均为 1。

4.3.3 多通道卷积原理

前面以单通道的图像像素矩阵为例，介绍了 full 卷积、same 卷积和 valid 卷积。然而在实际中，更为常见的是彩色图像，它是一个三通道的像素矩阵，所以接下来讲解基本的多通道卷积原理。

1．基本的多通道卷积

为了方便说明，首先以一个 3 行 3 列 2 深度的三维张量 X 与一个 2 行 2 列 2 深度的三维卷积核 K 的 valid 卷积为例，说明基本的多通道卷积，如图 4.12 所示。

在卷积时需要注意，像素矩阵的第 1 层对准卷积核的第 1 层，像素矩阵的第 2 层对准卷积核的第 2 层，绝对不能出现交叉的情况。将像素矩阵与卷积核在每一通道上进行 valid 卷积，接着在每一层求和，具体的计算过程如图 4.13 所示。

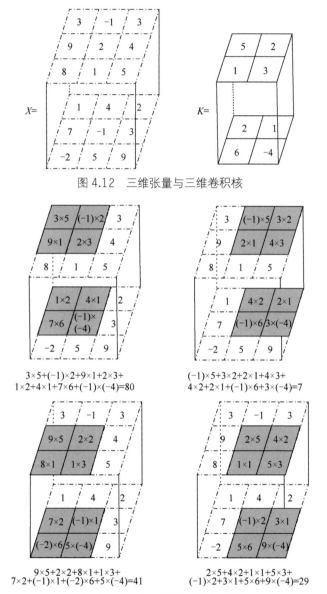

图 4.12 三维张量与三维卷积核

3×5+(-1)×2+9×1+2×3+
1×2+4×1+7×6+(-1)×(-4)=80

(-1)×5+3×2+2×1+4×3+
4×2+2×1+(-1)×6+3×(-4)=7

9×5+2×2+8×1+1×3+
7×2+(-1)×1+(-2)×6+5×(-4)=41

2×5+4×2+1×1+5×3+
(-1)×2+3×1+5×6+9×(-4)=29

图 4.13 valid 卷积的计算过程

最终的结果如图 4.14 所示。

除了这里举例的 valid 卷积，还可以做多通道的 full 卷积与 same 卷积。通过这种方法，将所有通道的结果直接相加，所以无论有多少个通道，每做一次卷积，都通过相加将其变为一个标量，最终得到一个矩阵。因此，通过多通道卷积将多通道的像素矩阵变为了单通道的矩阵。

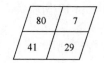

图 4.14　valid 卷积的结果

上述过程具体如代码示例 4-3 所示。

代码示例 4-3：多通道 valid 卷积

```
import tensorflow as tf
X=tf.constant(
    [
        [
            [[3,1],[-1,4],[3,2]],
            [[9,7],[2,-1],[4,3]],
            [[8,-2,],[1,5],[5,9]]
        ]
    ]
    ,tf.float32
)
K=tf.constant(
    [
        [
            [[5],[2]],[[2],[1]]],
        [
            [[1],[6]],[[3],[-4]]
        ]
    ]
    ,tf.float32
)
conv=tf.nn.conv2d(X,K,(1,1,1,1),'VALID')
session=tf.Session()
print(session.run(conv))
```

输出结果为：

```
[[[[80.]
   [ 7.]]

  [[41.]
   [29.]]]]
```

2．单个张量与多个卷积核的卷积

在将多通道矩阵变为单通道矩阵时，会产生大量的信息损失，虽然说卷积过程已经包含了信息提取，但显然是不够充分的。在实际中，很少只使用一个卷积核进行卷积，通常是使用多个卷积核进行卷积来提取图像特征，再把各个通道提取的特征叠加，形成新的多通道图像。这就是一个张量与多个卷积核的卷积操作。例如，将 1 个 3 行 3 列 2 深度的矩阵与 3 个 2 行 2 列 2 深度的卷积核进行卷积，具体过程如图 4.15 所示。

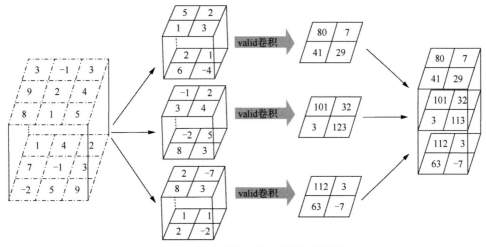

图 4.15　单个张量与多个卷积核的卷积

可以看到，一个张量和多个卷积核的卷积其实是在重复之前讲过的基本多通道卷积，将每个卷积核做一次基本多通道卷积，然后将卷积后的结果合并成一个深度为 3 的张量。在搭建卷积网络过程中，可以根据实际情况调整从而形成多个通道的矩阵。只要能得到好的结果，达到比较高的预测精度，使用的方法就是理想的。上述过程具体如代码示例 4-4 所示。

代码示例 4-4：单个张量与多个卷积核的卷积

```
import tensorflow as tf
X=tf.constant(
    [
        [
            [[3,1],[-1,4],[3,2]],
            [[9,7],[2,-1],[4,3]],
            [[8,-2,],[1,5],[5,9]]
        ]
    ]
    ,tf.float32
)
K=tf.constant(
    [
        [
            [[5,-1,2],[2,-2,1]],[[2,2,-7],[1,5,1]]],
        [
            [[1,3,8],[6,8,2]],[[3,4,3],[-4,3,-2]]
        ]
    ]
    ,tf.float32
```

```
)
conv=tf.nn.conv2d(X,K,(1,1,1,1),'VALID')
session=tf.Session()
print(session.run(conv))
```

输出结果为：

```
[[[[ 80. 101. 112.]
   [  7.  32.   3.]]

  [[ 41.   3.  63.]
   [ 29. 113.  -7.]]]]
```

3. 多个张量与多个卷积核的卷积

明确单个张量与多个卷积核进行卷积的方法之后，下面继续介绍多个张量与多个卷积核的卷积。以 2 个 3×3×2 的张量与 3 个 2×2×2 的卷积核进行卷积为例，最终得到的结果是 2 个 2 行 2 列 3 深度的三维张量，具体过程如图 4.16 所示。从图 4.16 中可以看出，这里其实就是对每个三维张量重复单个张量与多个卷积核的卷积操作，然后将每个张量卷积后的结果合并到一起得到最终的结果。

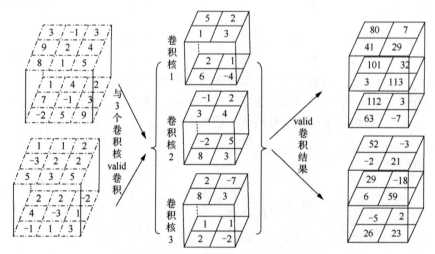

图 4.16 多个张量与多个卷积核的卷积

上述过程具体如代码示例 4-5 所示。

代码示例 4-5：多个张量与多个卷积核的结果

```
import tensorflow as tf

X=tf.constant(
    [
        [
            [[3,1],[-1,4],[3,2]],
```

```
            [[9,7],[2,-1],[4,3]],
            [[8,-2,],[1,5],[5,9]]
        ],
        [
            [[1,2],[1,2],[2,-2]],
            [[-3,4],[2,-3],[2,1]],
            [[5,-1],[3,1],[5,3]]
        ]
    ]
    ,tf.float32
)

K=tf.constant(
    [
        [
            [[5,-1,2],[2,-2,1]],[[2,2,-7],[1,5,1]]],
        [
            [[1,3,8],[6,8,2]],[[3,4,3],[-4,3,-2]]
        ]
    ]
    ,tf.float32
)
conv=tf.nn.conv2d(X,K,(1,1,1,1),'VALID')
session=tf.Session()
print(session.run(conv))
```

输出结果为：

```
[[[[ 80. 101. 112.]
   [  7.  32.   3.]]

  [[ 41.   3.  63.]
   [ 29. 113.  -7.]]]


 [[[ 52.  29.  -5.]
   [ -3. -18.   2.]]

  [[ -2.   6.  26.]
   [ 21.  59.  23.]]]]
```

　　总结，函数 tf.nn.conv2d 实现的是在每个通道上卷积，然后沿通道求和的卷积计算方式。在实际中，还有另外一种卷积操作方式，即只在通道上卷积，不求和，该过程通过 depthwise_conv2d 函数实现。

4．在每一通道上分别卷积

　　下面介绍卷积核如何在张量的每一通道上分别卷积。仍以 3 行 3 列 2 深度的矩阵和 2 行 2

列 2 深度的卷积核为例，进行 valid 卷积。具体做法为：将张量与卷积核对应的每一层进行线性运算，但是不将每一层的结果相加，具体过程如图 4.17 所示。

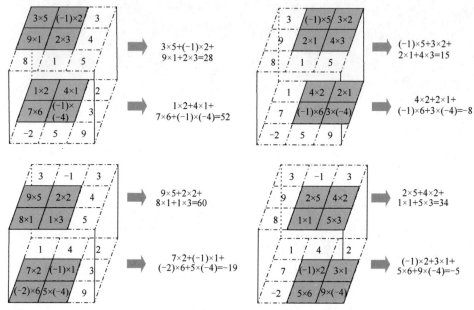

图 4.17　在每一通道上分别卷积的过程

最终得到了一个 2 行 2 列 2 深度的矩阵，结果如图 4.18 所示。

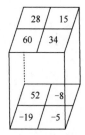

图 4.18　在每一通道上分别卷积的结果

上述过程具体如代码示例 4-6 所示。

代码示例 4-6：在每一通道上进行卷积

```
import tensorflow as tf
X=tf.constant(
    [
        [
            [[3,1],[-1,4],[3,2]],
            [[9,7],[2,-1],[4,3]],
            [[8,-2,],[1,5],[5,9]]
```

```
            ]
        ]
        ,tf.float32
)
K=tf.constant(
        [
            [
                [[5],[2]],
                [[2],[1]]],
            [
                [[1],[6]],
                [[3],[-4]]]
        ]
        ,tf.float32
)
conv=tf.nn.depthwise_conv2d(X,K,(1,1,1,1),'VALID')
session=tf.Session()
print(session.run(conv))
```

输出结果为：

```
[[[[ 28.  52.]
   [ 15.  -8.]]

  [[ 60. -19.]
   [ 34.  -5.]]]]
```

5．单个张量与多个卷积核在通道上分别卷积

介绍了如何用单个卷积核在单个张量通道上分别卷积后，下面介绍如何使用单个张量与多个卷积核在通道上分别卷积。从图 4.19 可以看到，用 1 个 3 行 3 列 2 深度的三维张量与 3 个 2 行 2 列 2 深度的三维卷积核卷积，有 3 个卷积结果，将它们在深度方向上拼接，最终结果的通道为 $3 \times 2 = 6$，如图 4.19 所示。

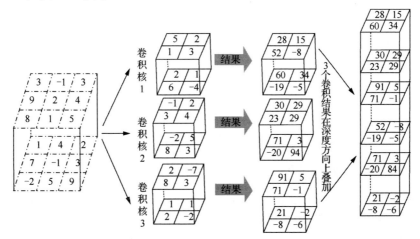

图 4.19 单个张量与多个卷积核在通道上分别卷积

上述过程具体如代码示例 4-7 所示。

代码示例 4-7：单个张量与多个卷积核在通道上分别卷积

```python
import tensorflow as tf
X=tf.constant(
    [
        [
            [[3,1],[-1,4],[3,2]],
            [[9,7],[2,-1],[4,3]],
            [[8,-2,],[1,5],[5,9]]
        ]
    ]
    ,tf.float32
)
K=tf.constant(
    [
        [
            [[5,-1,2],
             [2,-2,1]],
            [[2,2,-7],
             [1,5,1]]
        ],
        [
            [[1,3,8],
             [6,8,2]],
            [[3,4,3],
             [-4,3,-2]]
        ]
    ]
    ,tf.float32
)
conv=tf.nn.depthwise_conv2d(X,K,(1,1,1,1),'VALID')
session=tf.Session()
print(session.run(conv))
```

输出结果为：

```
[[[[ 28.  30.  91.  52.  71.  21.]
   [ 15.  29.   5.  -8.   3.  -2.]]

  [[ 60.  23.  71. -19. -20.  -8.]
   [ 34.  29.  -1.  -5.  84.  -6.]]]]
```

4.3.4 卷积运算的 3 个特性

卷积运算具有 3 个非常重要的性质，分别是稀疏连接、参数共享和平移不变性。

1. 卷积运算的稀疏连接

在第 2 章学习全连接神经网络时，我们知道，上一层每一个神经元都与下一层每一个神经元完全连接，这种连接会产生巨大的参数量。与全连接方式不同，卷积运算采取稀疏连接（Sparse Connectivity）方式，假设有 m 个输入和 n 个输出，全连接需要 $m×n$ 个参数，而稀疏连接则是限制每一个输出只连接到 r 个输入，那么此时只需要 $r×n$ 个参数。

接下来，以图像识别为例，说明稀疏连接在减少参数量方面的优势。如果输入图像的像素尺寸为 100 像素×100 像素，并且是一个 3 通道的彩色图像。那么一张图像就有 3 万个像素点。如果卷积核的大小为 3×3，并且隐藏层有 100 个神经元，那么可知以下两点

（1）稀疏连接产生的参数个数：3×3×100 =900。

（2）全连接产生的参数个数：3 万×3 万=9 亿。

通过稀疏连接，达到了减少参数的目的，这样做有以下两个好处。

（1）降低计算复杂度。

（2）减少因连接过多产生过拟合。

从上述例子可以看到，通过稀疏连接将参数个数从 9 亿降到 900，这是一个非常大的进步。

2．卷积运算的参数共享

参数共享是指相同的参数被用在一个模型的多个函数中。相比于全连接方式中，每一个神经元都需要学习一个单独的参数集合，在卷积运算中，每一层神经元只需要学习一个卷积核大小的参数个数即可。

在参数共享机制下，每一个隐藏层的神经元都与大小为 3×3 的卷积核连接，也就是每个隐藏层的神经元都有独立的 9 个参数。假设隐藏神经元由卷积运算得到，那么它们的参数都是一样的，因为都是卷积核中的参数，如此一来，参数个数不再是 900，而是 9，参数个数显著降低了，这就是所谓的参数共享。

3．卷积运算的平移不变性

卷积运算的平移不变性是一个非常有用的性质。回忆本章前面对卷积的通俗理解，在处理图像数据时，当卷积在图像的某个位置学习到存在的特征时，它可以在之后的任何地方识别这个特征。而对全连接网络而言，如果特征出现在新的位置，就只能重新学习。这使得卷积神经网络在处理图像数据时，可以高效地利用数据。

4.4 池化操作

池化（Pooling）操作是对卷积得到的结果进一步处理，它是将平面内某一位置及其相邻位置的特征值进行统计汇总，并将汇总后的结果作为这一位置在该平面内的值输出。例如，池化将输入张量每一个位置的矩形邻域内的最大值或者平均值作为该位置的输出值，如果取的是最大值，则称为最大值池化，如果是平均值，则称为平均值池化。池化操作在图像处理中类似减少样本量的操作。下面依次介绍这两种池化。

4.4.1 same 池化

same 池化分为 same 最大值池化和 same 平均值池化。

1. same 最大值池化

下面以图 4.20 所示的 3 行 3 列 1 深度的三维张量 X 和 2 行 2 列的池化窗口为例，介绍 same 最大值池化的计算过程。

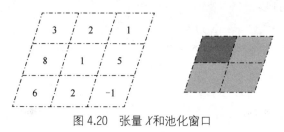

图 4.20　张量 X 和池化窗口

与 same 卷积的操作类似，same 最大值池化也需要指定起始点，该起始点位置的设置和 same 卷积时对起始点位置的设置类似。假设池化窗口的高等于 H，宽等于 W，则起始点位置确定的规则如表 4.3 所示。

表 4.3　确定起始点位置的规则表

高度（H）	宽度（W）	起点位置
偶数	偶数	$\dfrac{H-2}{2}, \dfrac{W-2}{2}$
偶数	奇数	$\dfrac{H-2}{2}, \dfrac{W-1}{2}$
奇数	偶数	$\dfrac{H-1}{2}, \dfrac{W-2}{2}$
奇数	奇数	$\dfrac{H-1}{2}, \dfrac{W-1}{2}$

根据表 4.3 对起始点位置的设置规则，本例中 2 行 2 列池化窗口起始点的位置在 (0，0) 处。因此，将起始点按照先行后列的顺序在输入张量 X 上进行滑动，然后取池化窗口内的最大值作为该窗口区域的输出值，具体过程如图 4.21 所示。

将得到的值依次放入图 4.22 所示的张量中，即为最大值池化的结果。

上述最大值池化操作可以通过 TensorFlow 里的函数 tf.nn.max_pool 实现，具体如代码示例 4-8 所示。

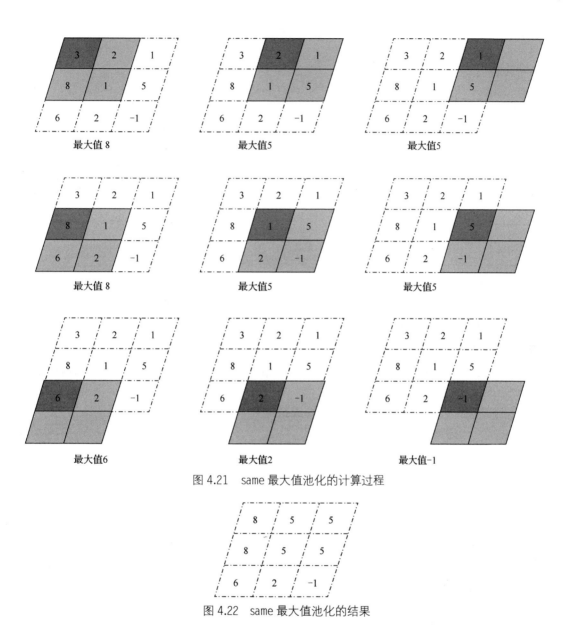

图 4.21 same 最大值池化的计算过程

图 4.22 same 最大值池化的结果

代码示例 4-8：same 最大值池化

```
import tensorflow as tf
X=tf.constant(
    [
        [
            [[3],[2],[1]],
```

```
            [[8],[1],[5]],
            [[6],[2],[-1]],
        ]
    ]
    ,tf.float32)
maxPool=tf.nn.max_pool(X,(1,2,2,1),[1,1,1,1],'SAME')
session=tf.Session()
print(session.run(maxPool))
```

输出结果为：

```
[[[[8.]
   [5.]
   [5.] ]

  [[8.]
   [5.]
   [5.]]

  [[6.]
   [2.]
   [-1.]]]]
```

2. 多通道张量的 same 最大值池化

以上 same 最大值池化处理的是单通道的三维向量，且池化窗口在沿行和沿列方向的移动步长均为 1。接下来介绍多通道张量的 same 最大值池化。本质上，多通道张量的 same 最大值池化就是在每一通道上分别进行池化操作。下面以图 4.23 所示的 3 行 3 列 2 深度的三维张量和 2 行 2 列 2 深度的池化窗口为例介绍多通道张量的 same 最大值池化。

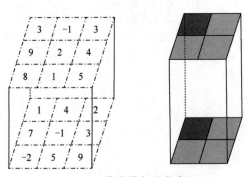

图 4.23　三维张量与池化窗口

这里假设池化窗口沿行和沿列的移动步长均为 2，那么此时 same 最大值池化的过程如图 4.24 所示。

same 最大值池化的结果如图 4.25 所示。

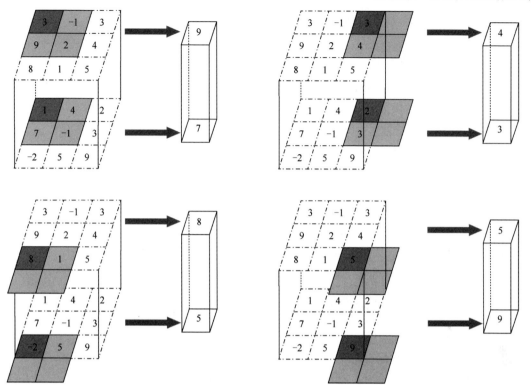

图 4.24 沿行和沿列的移动步长均为 2 的 same 最大值池化

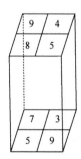

图 4.25 same 最大值池化的结果

上述过程具体如代码示例 4-9 所示。

代码示例 4-9：多通道张量的 same 最大值池化

```
import tensorflow as tf
X=tf.constant(
    [
        [
            [[3,1],[-1,4],[3,2]],
            [[9,7],[2,-1],[4,3]],
```

```
                    [[8,-2],[1,5],[5,9]]
                ]
        ]
        ,tf.float32)
maxPool=tf.nn.max_pool(X,(1,2,2,1),[1,2,2,1],'SAME')
session=tf.Session()
print(session.run(maxPool))
```

输出结果为：

```
[[[[9. 7.]
   [4. 3.]]

  [[8. 5.]
   [5. 9.]]]]
```

same 最大值池化输出结果的大小如何确定呢？例如，H 行 W 列的张量与 HH 行 WW 列的池化窗口进行 same 最大值池化，假设池化窗口在行方向上的移动步长为 RS，在列方向上的移动步长为 CS，则 same 最大值池化的结果为 $\text{ceil}\left(\dfrac{H}{RS}\right)$ 行 $\text{ceil}\left(\dfrac{W}{CS}\right)$ 列，其中 $\text{ceil}(X)$ 代表向上取整，即取不小于 X 的最小整数。

对比卷积与池化，它们有两个核心区别。

（1）卷积核的权重需要在人为设定或计算过程中，通过机器学习算法自动优化得到，是一个未知的参数；而池化仅仅是求最大值，没有未知参数需要估计，也不需要参数优化的过程。因此，对计算机而言，池化是非常简单的操作。

（2）不管输入的像素矩阵有多少通道，只要进行卷积运算，一个卷积核参与计算只会产生一个通道；而池化是分层运算，输出的像素矩阵的通道取决于输入像素矩阵的通道数。

3．多个张量的 same 最大值池化

在对单个张量进行最大值池化操作的基础上，可以对任意多个张量进行池化操作。图 4.26 所示为两个 3 行 3 列 2 深度的三维张量分别与 2 行 2 列 2 深度的池化窗口进行 same 最大值池化操作，其沿行和沿列方向的移动步长均为 2。

上述过程具体如代码示例 4-10 所示。

代码示例 4-10：多个张量的 same 最大值池化

```
import tensorflow as tf
X=tf.constant(
    [
        [
            [[3,1],[-1,4],[3,2]],
            [[9,7],[2,-1],[4,3]],
            [[8,-2],[1,5],[5,9]]
        ],
        [
```

```
              [[1,4],[9,3],[1,1]],
              [[1,1],[1,2],[3,3]],
              [[2,1],[3,6],[4,2]]
          ]
      ]
      ,tf.float32)
maxPool=tf.nn.max_pool(X,(1,2,2,1),[1,2,2,1],'SAME')
session=tf.Session()
print(session.run(maxPool))
```

输出结果为：

```
[[[[ 9.  7.]
   [ 4.  3.]]

  [[ 8.  5.]
   [ 5.  9.]]]


 [[[ 9.  4.]
   [ 3.  3.]]

  [[ 3.  6.]
   [ 4.  2.]]]]
```

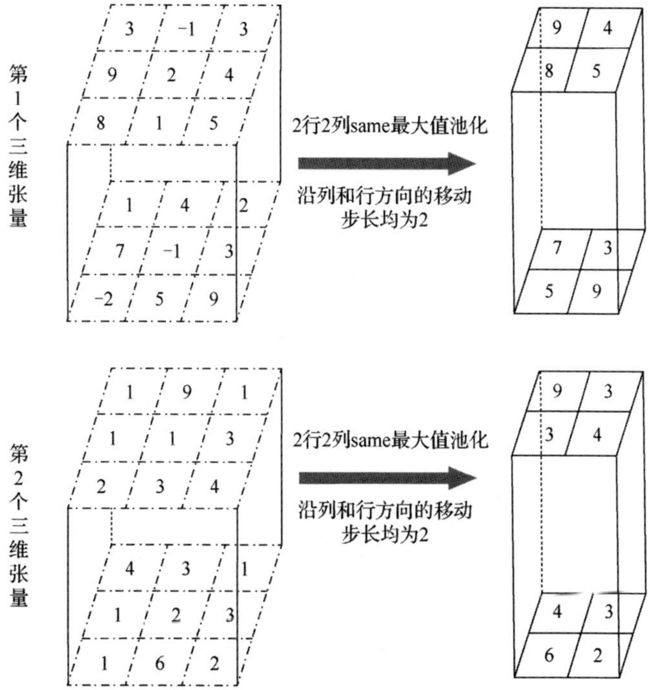

图 4.26　多个三维张量的 same 最大值池化结果

4．same 平均值池化

same 平均值池化与 same 最大值池化类似，只需将池化窗口内计算的最大值改为平均值即可。下面仍以图 4.23 所示的张量和池化窗口为例，且池化窗口沿行和沿列的移动步长均为 2。此时 same 平均值池化的过程如图 4.27 所示，最终结果如图 4.28 所示。

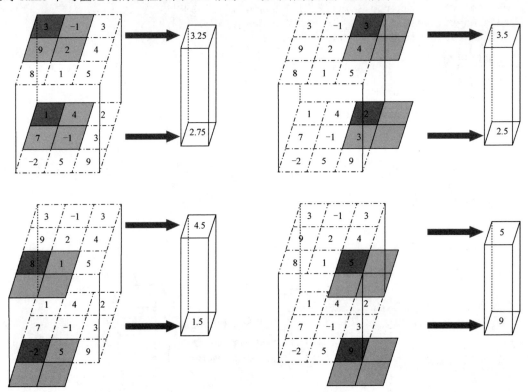

图 4.27　same 平均值池化过程

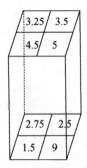

图 4.28　same 平均值池化的结果

上述过程具体如代码示例 4-11 所示。

代码示例 4-11：same 平均值池化

```
import tensorflow as tf
X=tf.constant(
    [
        [
            [[3,1],[-1,4],[3,2]],
            [[9,7],[2,-1],[4,3]],
            [[8,-2],[1,5],[5,9]]
        ]
    ]
    ,tf.float32)
avgPool=tf.nn.avg_pool(X,(1,2,2,1),[1,2,2,1],'SAME')
session=tf.Session()
print(session.run(avgPool))
```

输出结果为：

```
[[[[3.25 2.75]
   [3.5  2.5 ]]

  [[4.5  1.5 ]
   [5.   9.  ]]]]
```

4.4.2　valid 池化

前面介绍了 same 最大值池化和 same 平均值池化。接下来介绍 valid 最大值池化和 valid 平均值池化。

1. valid 最大值池化

与 same 池化不同，valid 池化的池化窗口只在张量内移动。下面以图 4.29 所示的张量 X 和池化窗口为例，介绍 valid 最大值池化。

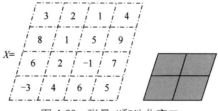

图 4.29　张量 X 和池化窗口

考察池化窗口沿行和沿列的移动步长均为 1 的情形，则 valid 最大值池化过程如图 4.30 所示。最终 valid 最大值池化的结果如图 4.31 所示。

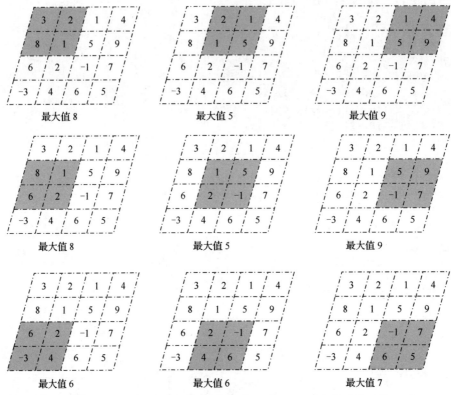

图 4.30　沿行和沿列的移动步长均为 1 的 valid 最大值池化过程

图 4.31　valid 最大值池化的结果

上述过程具体如代码示例 4-12 所示。

代码示例 4-12：valid 最大值池化

```
import tensorflow as tf
X=tf.constant(
    [
        [
            [[3],[2],[1],[4]],
            [[8],[1],[5],[9]],
            [[6],[2],[-1],[7]],
            [[-3],[4],[6],[5]]
```

```
        ]
      ]
    ,tf.float32)
maxPool=tf.nn.max_pool(X,(1,2,2,1),[1,1,1,1],'VALID')
session=tf.Session()
print(session.run(maxPool))
```

输出结果为：

```
[[[[8.]
   [5.]
   [9.]]

  [[8.]
   [5.]
   [9.]]

  [[6.]
   [6.]
   [7.]]]]
```

2．多通道张量的 valid 最大值池化

多通道张量的 valid 最大值池化本质上也是分别对每一通道进行 valid 最大值池化。下面以图 4.32 所示的 3 行 3 列 2 深度的三维张量和 2 行 2 列 2 深度的池化窗口的 valid 最大值池化为例，其中池化窗口沿行和沿列的移动步长均为 1，具体过程如图 4.33 所示。

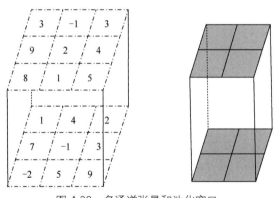

图 4.32　多通道张量和池化窗口

多通道张量的 valid 最大值池化结果如图 4.34 所示。

上述过程具体如代码示例 4-13 所示。

代码示例 4-13：多通道张量 valid 最大值池化

```
import tensorflow as tf
X=tf.constant(
    [
      [
```

```
            [[3,1],[-1,4],[3,2]],
            [[9,7],[2,-1],[4,3]],
            [[8,-2],[1,5],[5,9]]
        ]
    ]
    ,tf.float32)
maxPool=tf.nn.max_pool(X,(1,2,2,1),[1,1,1,1],'VALID')
session=tf.Session()
print(session.run(maxPool))
```

图 4.33 valid 最大值池化过程

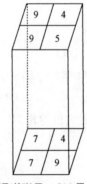

图 4.34 多通道张量 valid 最大值池化结果

输出结果为：

```
[[[[9. 7.]
   [4. 4.]]

  [[9. 7.]
   [5. 9.]]]]
```

valid 最大值池化输出结果的大小如何确定呢？例如，H 行 W 列的张量与 HH 行 WW 列的池化窗口进行 valid 最大值池化，假设池化窗口在行方向上的移动步长为 RS，在列方向上的移动步长为 CS，则 valid 最大值池化的结果为 $\mathrm{ceil}\left(\dfrac{H-HH+1}{RS}\right)$ 行 $\mathrm{ceil}\left(\dfrac{W-WW+1}{CS}\right)$ 列，其中 $\mathrm{ceil}(X)$ 代表向上取整，即取不小于 X 的最小整数。

3．多个张量的 valid 最大值池化

多个张量的池化可以同时分别计算。图 4.35 所示为两个 3 行 3 列 2 深度的张量分别与 2 行 2 列 2 深度的池化窗口进行 valid 最大值池化，其中沿行和沿列方向上的移动步长为 1。

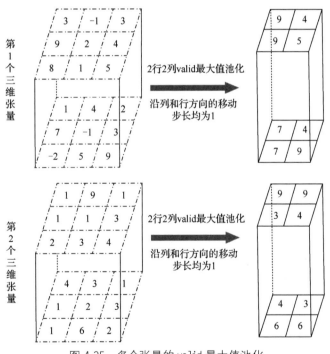

图 4.35　多个张量的 valid 最大值池化

上述过程具体如代码示例 4-14 所示。

代码示例 4-14：多个张量的 valid 最大值池化

```
import tensorflow as tf
```

```
X=tf.constant(
    [
        [
            [[3,1],[-1,4],[3,2]],
            [[9,7],[2,-1],[4,3]],
            [[8,-2],[1,5],[5,9]]
        ],
        [
            [[1,4],[9,3],[1,1]],
            [[1,1],[1,2],[3,3]],
            [[2,1],[3,6],[4,2]]
        ]

    ]
    ,tf.float32)
maxPool=tf.nn.max_pool(X,(1,2,2,1),[1,1,1,1],'VALID')
session=tf.Session()
print(session.run(maxPool))
```

输出结果为：

```
[[[[9. 7.]
   [4. 4.]]

  [[9. 7.]
   [5. 9.]]]


 [[[9. 4.]
   [9. 3.]]

  [[3. 6.]
   [4. 6.]]]]
```

4．valid 平均值池化

valid 平均值池化和 valid 最大值池化类似，区别是将池化窗口内的最大值替换为池化窗口内的平均值即可，这里不再赘述。至此，卷积神经网络最基础的两个操作——卷积和池化就介绍完了，希望读者掌握并融会贯通。

课后习题

1．same 卷积和 valid 卷积的区别是什么？

2．卷积和池化的区别与联系是什么？

3．如果输入图像的像素矩阵是 227 像素×227 像素×3，用 96 个规格为 11×11 的卷积核进行 valid 卷积，设定步长为 4，输出矩阵的维度分别是多少？

4．如果输入图像的像素矩阵是224像素×224像素×3，用 64 个规格为3×3的卷积核进行 same 卷积，输出矩阵的维度是多少？再对输出矩阵进行步长为 2，规格为2×2的最大值池化，最后输出矩阵的维度是多少？

5．传统的矩阵操作是建立在线性代数和线性空间基础上的，卷积的矩阵操作和传统的矩阵操作有什么异同？

第 **5** 章　经典卷积神经网络（上）

【学习目标】

通过本章的学习，读者可以掌握：

1. LeNet-5 的网络结构及其代码实现；
2. AlexNet 的网络结构及其代码实现；
3. VGG 的网络结构及其代码实现；
4. Batch Normalization 的原理与应用技巧；
5. Data Augmentation 的原理与应用技巧。

【导言】

第 4 章介绍了卷积神经网络的基本结构，第 5 章和第 6 章将介绍经典的卷积神经网络结构及其相应的代码实现，以及深度学习中常用的数据处理技巧。其中本章主要介绍 3 种出现比较早的经典卷积神经网络结构，分别是 LeNet-5、AlexNet 和 VGG。

LeNet-5 模型由 Yann LeCun 教授于 1998 年提出，它是专为手写数字识别而设计的经典卷积神经网络。AlexNet 模型由辛顿（Hinton）教授的学生阿莱克斯·克里泽夫斯基（Alex Krizhevsky）在 2012 年提出，它可以看成深度学习集中爆发的起点。VGG 模型是由牛津大学计算机视觉几何组和 Google DeepMind 公司的研究员于 2014 年合作研发出来的深度卷积神经网络，主要通过不断加深网络结构来提升模型性能。

本章介绍以上 3 个模型的结构，并且每个模型会用一个实际案例讲解其代码实现过程。最后介绍这 3 个网络结构中出现的两个常用数据处理技巧——Batch Normalization（批归一化）和 Data Augmentation（数据增强）的原理。

5.1　LeNet-5

LeNet-5 是由有着卷积神经网络之父美誉的 Yann LeCun（中文翻译为杨立昆）于 1998 年

提出的一种经典的卷积网络结构[①]。它是第一个成功应用于数字识别问题的卷积神经网络。在 MNIST 数据集上，LeNet-5 模型可以达到大约 99.2%的正确率。作为早期的一种卷积神经网络结构，LeNet-5 的提出极大地推动了后续卷积神经网络的发展，它通常被认为是 CNN 的开山之作。

5.1.1　LeNet-5 网络结构

下面首先介绍 LeNet-5 的网络结构。如果输入层不计入层数，则 LeNet-5 总共有 7 层网络，网络结构如图 5.1 所示。

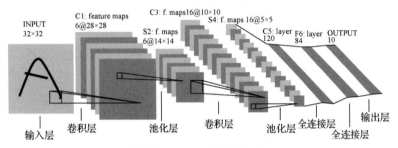

图 5.1　LeNet-5 网络结构

从图 5.1 可以看出，LeNet-5 总共由输入层、卷积层、池化层、卷积层、池化层、全连接层、全连接层、输出层组成。下面详细介绍每一层的结构。

（1）输入层。一张 32×32 的灰度图像，只有一个颜色通道。

（2）卷积层。将输入与 6 个高为 5，宽为 5，深度为 1 的卷积核进行 valid 卷积。由于输入是灰度图，所以卷积核的深度也是 1；又由于是 valid 卷积，所以卷积后的结果为，高为 $28(32-5+1)$，宽为 $28(32-5+1)$，深度为 6（因为用了 6 个卷积核）。

（3）池化层。对（2）中卷积层输出的 28×28×6 的抽象矩阵进行 valid 最大值池化操作，使用 6 个 2×2 大小的矩阵进行 valid 最大值池化处理，池化层的输出结果为 14×14×6 的矩阵。

（4）卷积层。将（3）中池化层的输出与 16 个大小为 5×5×6 的卷积核进行 valid 卷积，输出结果为 10×10×16。

（5）池化层。同第（3）步一样，对（4）的输出结果进行 valid 最大值池化的操作，输出矩阵的维度为 5×5×16。

（6）全连接层。将第（5）步输出的矩阵拉直成一维向量，这个向量的长度为 $5×5×16=400$。将该向量经过一个全连接神经网络处理，该全连接神经网络共有 2 个隐含层，其中输入层有 400 个神经元，第 1 个隐含层有 120 个神经元，第 2 个隐含层有 84 个神经元。

（7）输出层。因为 LeNet-5 最初是用来识别手写数字的，处理的是 0～9 的 10 分类问题，

[①] YannLeCun,Leon Bottou,Yoshua Bengio,Patrick Halfner. (1998). Gradient-based learning applied to document recognition. Proceedings of the IEEE, 86(11): 2278-2324.

所以它的输出层有 10 个神经元。

以上就是 LeNet-5 的模型结构。LeNet-5 无论是在网络结构，还是在参数规模上，都相对简单。接下来通过手写数字识别这个经典案例具体讲解 LeNet-5 的代码实现。

5.1.2　案例：LeNet-5 手写数字识别

下面通过经典的手写数字识别分类问题介绍 LeNet-5 的代码实现。

1. MNIST 数据集展示

MNIST 数据集在前面已经详细介绍过，该案例的目的是区分 0~9 这 10 个数字。在 Keras 框架下，可以通过 mnist.load_data()函数加载数据集。TensorFlow 已经将数据集准备好并且做了区分。例如，这里的($X0, Y0$)是训练集，($X1, Y1$)是测试集。将 $X0$ 打印出来，可以看到这是一个 6 万行的立体矩阵，每个矩阵都代表一张图像，其中每张图像的像素矩阵是 28×28。

需要注意的是，LeNet-5 第一次被提出来时要求输入是 32×32，但是这个数据集的输入是 28×28，这并不影响对模型的应用。通过 pyplot 函数可以将训练集中 0~9 这 10 个数字展示出来。具体如代码示例 5-1 所示。

代码示例 5-1：加载数据并展示

```
from keras.datasets import mnist
(X0,Y0),(X1,Y1) = mnist.load_data()
print(X0.shape)
from matplotlib import pyplot as plt
plt.figure()
fig,ax = plt.subplots(2,5)
ax=ax.flatten()
for i in range(10):
    Im=X0[Y0==i][0]
    ax[i].imshow(Im)
plt.show();
```

输出结果为：

```
(60000, 28, 28)
```

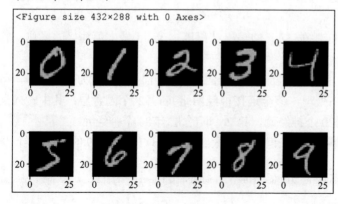

2．数据预处理

数据加载之后需要进行一定的预处理工作，因为此时的 $X0$ 和 $Y0$ 还不满足 TensorFlow 的数据规范，主要有以下 3 个问题。

（1）$X0$ 是一个 $60\,000 \times 28 \times 28$ 的立体矩阵，其中第一个维度 6 万代表样本量，剩下的两个维度代表像素矩阵的维度，因为这里了为了满足 TensorFlow 的数据格式，还差一个维度，那就是通道数，所以要把 $X0$ 从三维变成四维，即 $60\,000 \times 28 \times 28 \times 1$。

（2）$X0$ 是个整数，最大值可以到 255，为了使后续的优化算法更容易收敛，需要将 $X0$ 和 $X1$ 的数值除以 255 变成 0～1 的数。

（3）$Y0$ 是一个数组，表示这个数字为 0～9 的哪一个。这也不符合 TensorFlow 的数据格式，需要把它转换成 one-hot 的编码形式，即变成一个长度为 10 的向量。例如，如果这个数字是 5，那么在 5 对应的那个位置上写 1，其余位置都是 0。

以上就是需要改变的 3 个方面，具体如代码示例 5-2 所示。

代码示例 5-2：数据预处理

```
from keras.utils import np_utils
N0=X0.shape[0];N1=X1.shape[0]
print([N0,N1])
X0 = X0.reshape(N0,28,28,1)/255
X1 = X1.reshape(N1,28,28,1)/255
YY0 = np_utils.to_categorical(Y0)
YY1 = np_utils.to_categorical(Y1)
print(YY1)
```

输出结果为：

```
[60000, 10000]
[[0 0 0 ... 1 0 0]
 [0 0 1 ... 0 0 0]
 [0 1 0 ... 0 0 0]
 ...
 [0 0 0 ... 0 0 0]
 [0 0 0 ... 0 0 0]
 [0 0 0 ... 0 0 0]]
```

3．LeNet-5 代码实现

完成了数据处理工作，接下来就可以用代码实现 LeNet-5 模型的网络结构。LeNet-5 可以说是卷积神经网络最基础的模型，它的代码也相对易懂，如代码示例 5-3 所示。以下是对部分代码的解释。

扫一扫

LeNet-5 代码实现

（1）前两行代表从 Keras 的 layers 中加载大量的模块用于构建 CNN 模型，这些模块包括 Conv2D、Dense、Flatten、Input、MaxPooling2D 和 Model。

（2）输入层。定义 input_layer 是一个 28 像素×28 像素×1 的矩阵。

（3）卷积层。用函数 Conv2D 实现卷积操作。其中的参数表示用 6 个大小为 5×5 的卷积核进行 padding=same 的卷积操作，激活函数 activation 为 ReLU。

（4）池化层。使用函数 Maxpooling2D，采取的池化窗口大小为 2×2，步长为[2,2]。

（5）重复卷积和池化的操作，不同的是，更改了相应的参数，如卷积核数、卷积的形式等。

（6）全连接层。Flatten 函数将矩阵拉直成一维向量，Dense 函数构造全连接层，其中第 1 个参数表示神经元数，第 2 个参数表示激活函数的选择。

（7）最后通过 model.summary 给出 LeNet-5 的模型概要和参数情况。

代码示例 5-3：LeNet-5 代码实现

```
from keras.layers import Conv2D,Dense,Flatten,Input,MaxPooling2D
from keras import Model

input_layer = Input([28,28,1])
x = input_layer
x = Conv2D(6,[5,5],padding = "same", activation = 'relu')(x)
x = MaxPooling2D(pool_size = [2,2], strides = [2,2])(x)
x = Conv2D(16,[5,5],padding = "valid", activation = 'relu')(x)
x = MaxPooling2D(pool_size = [2,2], strides = [2,2])(x)
x = Flatten()(x)
x = Dense(120,activation = 'relu')(x)
x = Dense(84,activation = 'relu')(x)
x = Dense(10,activation = 'softmax')(x)
output_layer=x
model=Model(input_layer,output_layer)
model.summary()
```

以 LeNet-5 为例，model.summary 给出了一张非常详细的模型概要表。下面就以这张表为例，介绍如何计算各层消耗的参数个数。从第 2 行第一个卷积层开始。

（1）第 1 个卷积层。由于采取了 6 个 5×5 的卷积核进行 same 卷积，卷积核的大小是 5×5，权重参数就是 25，再加上一个偏置参数，所以一个卷积核的参数个数就是 $25+1=26$，6 个卷积核就是 $26 \times 6 = 156$。

（2）第 1 个池化层。进行了 2×2 的最大值池化，因为最大值池化不消耗任何参数，所以参数个数为 0。

（3）第 2 个卷积层。卷积核的大小仍为 5×5，总共有 16 个卷积核。请注意，这里的输入矩阵有 6 个通道，因此权值参数个数应该是 $6 \times 5 \times 5 = 150$，再加上一个偏置参数，一共是 151 个参数，总共 16 个卷积核，所以这层消耗的总参数个数为 $151 \times 16 = 2\,416$。

（4）第 2 个池化层。这里仍然是一个最大值池化，同样不消耗任何参数。

（5）第 1 个全连接层。将 $5 \times 5 \times 16$ 这个矩阵拉直成一个长度为 400 的向量，从这个位置开始，建立了第一个全连接层，总共有 120 个输出节点，首先需要 $400 \times 120 = 48\,000$ 个权重，因为每个节点又有一个偏置参数，所以参数总个数为 $48\,000 + 120 = 48\,120$。

（6）第 2 个全连接层。第 2 个全连接层共有 84 个输出节点，同理，需要的参数个数为

$120 \times 84 + 84 = 10\,164$。

（7）输出层。最后一层，输出节点 10 个，参数个数为 $84 \times 10 + 10 = 850$。

至此，LeNet-5 各层的参数个数梳理完毕，这应该是初学者的一项技能。程序运行出来的模型概要表如图 5.2 所示。

Layer (type)	Output Shape	Param #
input_1 (InputLayer)	(None, 28, 28, 1)	0
conv2d_1 (Conv2D)	(None, 28, 28, 6)	156
max_pooling2d_1 (MaxPooling2	(None, 14, 14, 6)	0
conv2d_2 (Conv2D)	(None, 10, 10, 16)	2416
max_pooling2d_2 (MaxPooling2	(None, 5, 5, 16)	0
flatten_1 (Flatten)	(None, 400)	0
dense_1 (Dense)	(None, 120)	48120
dense_2 (Dense)	(None, 84)	10164
dense_3 (Dense)	(None, 10)	850

Total params: 61, 706
Trainable params: 61, 706
Mon-trainable params: 0

图 5.2　LeNet-5 模型概要表

4. LeNet-5 编译运行

模型编译通过 model.compile 实现。首先需要告诉 TensorFlow 这是一个多分类问题，它的损失函数是 categorical_crossentroy，这等价于要优化的是一个对数似然函数。选择 Adam 优化算法，需要监控预测精度，因此定义 matrics 为 accuracy。

模型拟合通过 model.fit 实现，其中训练数据集是 $X0$，$YY0$，注意这里是 one-hot 编码形式的 $YY0$，不是 $Y0$，进行 10 个 Epoch 循环，Batch Size 为 200，测试数据集为 $X1$，$YY1$。从运行结果可以看出，LeNet-5 在测试集上的外样本精度很快可以达到 99% 以上，这已经是一个非常高的准确率了。具体如代码示例 5-4 所示。

代码示例 5-4：LeNet-5 模型编译与拟合

```
model.compile(loss='categorical_crossentropy', optimizer='adam',
metrics=[' accuracy'])
    model.fit(X0, YY0, epochs=10, batch_size=200, validation_data=[X1,YY1])
```

输出结果为：

```
Train on 60000 samples, validate on 10000 samples
Epoch 1/10
60000/60000 [==============================] - 4s 65us/step - loss: 0.4444 - acc: 0.8654 - val_loss: 0.1018 - val_acc: 0.9690
Epoch 2/10
60000/60000 [==============================] - 1s 23us/step - loss: 0.1101 - acc: 0.9655 - val_loss: 0.0554 - val_acc: 0.9815
Epoch 3/10
60000/60000 [==============================] - 1s 22us/step - loss: 0.0778 - acc: 0.9759 - val_loss: 0.0429 - val_acc: 0.9861
Epoch 4/10
60000/60000 [==============================] - 1s 15us/step - loss: 0.0638 - acc: 0.9796 - val_loss: 0.0366 - val_acc: 0.9891
Epoch 5/10
60000/60000 [==============================] - 1s 15us/step - loss: 0.0557 - acc: 0.9824 - val_loss: 0.0335 - val_acc: 0.9888
Epoch 6/10
60000/60000 [==============================] - 1s 18us/step - loss: 0.0489 - acc: 0.9846 - val_loss: 0.0329 - val_acc: 0.9898
Epoch 7/10
60000/60000 [==============================] - 1s 19us/step - loss: 0.0437 - acc: 0.9855 - val_loss: 0.0293 - val_acc: 0.9895
Epoch 8/10
60000/60000 [==============================] - 1s 20us/step - loss: 0.0399 - acc: 0.9868 - val_loss: 0.0278 - val_acc: 0.9909
Epoch 9/10
60000/60000 [==============================] - 1s 18us/step - loss: 0.0372 - acc: 0.9877 - val_loss: 0.0301 - val_acc: 0.9899
Epoch 10/10
60000/60000 [==============================] - 1s 18us/step - loss: 0.0336 - acc: 0.9889 - val_loss: 0.0275 - val_acc: 0.9908
```

5.2 AlexNet

AlexNet 是 2012 年 ImageNet 竞赛冠军获得者 Hinton 和他的学生 Alex Krizhevsky 设计的[1]，该模型 Top5[2]预测的错误率为 18.9%，远超第 2 名，是 ImageNet 竞赛中第一个使用卷积神经网络的参赛者。在这之后，更多更深的卷积神经网络被提出，比如后面要介绍的 VGG 和 GoogLeNet 等。

5.2.1 AlexNet 网络结构

AlexNet 处理的是 1 000 分类问题（详情参阅 ImageNet 竞赛），它采用 8 层神经网络，其中包含 5 个卷积层和 3 个全连接层（其中有 3 个卷积层后面加了最大值池化层），包含 6 亿 3 000 万个连接，6 000 万个参数和 65 万个神经元。图 5.3 为 AlexNet 的网络结构图[3]。下面介绍 AlexNet 网络结构的各层。

AlexNet 的输入是一个 227 像素×227 像素×3 的 3 通道彩色图像[4]。

（1）第 1 层是卷积层，有 96 个卷积核，大小为 11×11，步长为 4，进行 valid 卷积，使用 ReLU 激活函数。经过卷积之后，像素大小的计算过程为：$227-11=216$，$216/4=54$，$54+1=55$，输出的像素为 55×55。

（2）第 2 层是池化层，池化层的大小为 3×3，步长为 2，进行 valid 最大值池化，输出像素矩阵大小的计算为：$55-3=52$，$52/2=26$，$26+1=27$，因此池化之后的像素为 27×27，

---

① Krizhevsky, A., Sutskever, I., & Hinton, G. (2012). ImageNet Classification with Deep Convolutional Neural Networks. International Conference on Neural Information Processing Systems.Vol.25.

② Top5 指在最后概率向量最大的前 5 名中，只要出现了正确概率即为预测正确，否则预测错误。

③ 可以看到图 5.3 分为上下两部分，本质上是因为原本 AlexNet 用了两块 GPU，但是由于目前的计算机硬件水平已经足够高，在调用 AlexNet 时，不再需要做这样的特殊处理了，因此这种处理仅需了解即可。

④ 原始论文中说的是 224 像素×224 像素×3，而在实际处理时需要做一些预处理，变成 227 像素×227 像素×3。

通道数为 96 不改变。其他层的推导以此类推。具体的网络结构如下。

输入层：227像素×227像素×3的彩色图像。

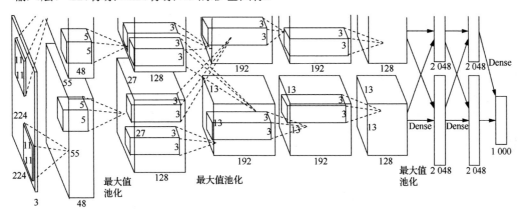

图 5.3　AlexNet 的网络结构

第 1 层：Conv2D (11×11,96)，stride(4)，valid，output：55×55×96。

第 2 层：MaxPooling2D (3×3)，stride(2)，output：27×27×96。

第 3 层：Conv2D (5×5,256)，same，output：27×27×256。

第 4 层：MaxPooling2D (3×3)，stride(2)，output：13×13×256。

第 5 层：Conv2D (3×3×3,384)，same，output：13×13×384。

第 6 层：Conv2D (3×3×3,84)，same，output：13×13×384。

第 7 层：Conv2D (3×3,256)，same，output：13×13×256。

第 8 层：MaxPooling2D (3×3)，stride (2)，output：6×6×256。

输出层：Flatten，Dense(4096)，Dropout(0.5)，Dense (4096)，Dropout (0.5)，output。output 输出的节点根据真实的应用案例决定。

　课堂思考

　　请根据前两层的推导过程，尝试推导第 3～8 层的输出结果。

5.2.2　AlexNet 创新点

AlexNet 网络结构在整体上类似于 LeNet-5，都是先卷积然后全连接，但在细节上有很大不同，AlexNet 更复杂，同时 AlexNet 还有很多创新点，将其总结如下。

（1）成功使用 ReLU 作为 CNN 的激活函数，验证了其效果在较深的网络中超过 Sigmoid。

（2）训练时使用 Dropout 随机忽略一部分神经元，避免模型过拟合，一般在全连接层使用。

（3）在 CNN 中使用重叠的最大值池化（步长小于卷积核）。

（4）提出局部响应归一化（Local Response Normalization，LRN）层，即对当前层的输出

结果做平滑处理，后来逐渐被 BN（Batch Normalization）代替。有关 BN 的原理将在 5.4 节详细讲解。

（5）使用 CUDA 加速神经网络的训练，利用了 GPU 强大的计算能力。受限于当时计算的能力，AlexNet 使用两块 GPU 进行训练。

（6）采用了数据增强（Data Augmentation）技术，随机地从 256 像素×256 像素的图像中截取 224 像素×224 像素大小的区域（以及水平翻转的镜像），达到增加样本量的目的。有关数据增强的原理将在 5.5 节详细讲解。

5.2.3　案例：中文字体识别——隶书和行楷

本节通过一个中文字体识别的案例来讲解 AlexNet 的网络结构实现。

1．数据准备

传统数据分析的基本范式是把数据集一次性完整地读入内存，然后进行描述统计、可视化建模分析等。但是在深度学习中，常常会碰到非常大的数据量，一次性读入内存不太可能，因此需要把数据分批次随机读入，用来进行模型训练、验证和检验。这对数据的存储目录结构是有特殊要求的。

以本案例数据为例，在本地目录上有一个目录叫作 Data，Data 下面有一个目录叫作 ChineseStyle，这是用来存储中文字体数据的核心根目录。在这个根目录下，又有两个并列的目录，一个叫作 train，另一个叫作 test。其中 train 目录下包含了训练数据，test 下包含了验证数据。再进一步，train 和 test 下面还分别有两个目录，一个叫 lishu，另一个叫 xingkai，这样做是让程序自动识别这是一个二分类问题，其中一类叫作 lishu，另一类叫作 xingkai。需要强调的是，两个目录的文件名必须完全相同，否则程序会识别为不同的类别。具体的数据存储目录如图 5.4 所示。

```
%ls ../data/ChineseStyle/
%ls ../data/ChineseStyle/train
%ls ../data/ChineseStyle/test

test/   train/
lishu/  xingkai/
lishu/  xingkai/
```

图 5.4　数据存储目录

2．构造数据生成器

接下来介绍深度学习中一种特有的数据读入方法。通过构造数据生成器的方式，按照特定的目录结构和要求把相应少量的、多批次的数据读入内存，做相应的数据分析。这个方法在本书会重复用到。通过数据生成器读入数据的一个代价就是频繁的读入操作，这是以时间的延长和效率的降低为代价的。但是获得的好处是能在有限的内存资源的支持下，处理非常大的数据，这就是使用数据生成器的根本原因。

数据生成器通过 TensorFlow 中的 ImageDataGenerator 函数调用。具体使用方法如下。

（1）定义两个不同的数据生成器，其中 validation_generator 为生成的验证数据集，train_generator 为生成的训练数据集。

（2）以 validation_generator 为例，在 ImageDataGenerator 中，参数 resale=1.0/255 用于将图像的像素取值转换为 0~1。

（3）函数 flow_from_directory 表示数据生成器要从本地目录 data/ChineseStyle/test 中读取数据。由于该目录下有两个不同的子目录，一个叫作 lishu，另一个叫作 xingkai，所以程序会知道这是一个二类别问题。

（4）统一原始图像的像素规格，因为 TensorFlow 要求输入的像素必须一致，定义 IMSIZE=227，因此不管输入图像是什么规格，输出一定是 227像素×227像素的。

（5）batch_size=200 代表每次读 200 张图像。

（6）因变量为 categorical，说明是一个分类问题。

到此，验证数据集生成器的定义完成，同样的操作也应用在 train_generator 上。这就是数据生成器的基本情况，具体如代码示例 5-5 所示。

代码示例 5-5：数据生成器

```
from keras.preprocessing.image import ImageDataGenerator

IMSIZE=227

validation_generator = ImageDataGenerator(rescale=1./255).flow_from_directory(
    './data_alex/ChineseStyle/test/',
    target_size=(IMSIZE, IMSIZE),
    batch_size=200,
    class_mode='categorical')

train_generator = ImageDataGenerator(rescale=1./255).flow_from_directory(
    './data_alex/ChineseStyle/train',
    target_size=(IMSIZE, IMSIZE),
    batch_size=200,
    class_mode='categorical')
```

数据读入后，利用 pyplot 函数将原始图像的中文字体展示在画板上，首先通过 plt.figure() 将画布初始化，利用 plt.subplots() 将画板设定为 2 行 5 列的形式，其中高为 7 个单位，宽为 15 个单位，将每一个位置用 ax 记录下来，把 validation_generator 数据生成器输入给一个特定的命令 next()，它会不停地向外输出数据，每执行一次 next()，就输出一张图像。这里输出 10 张图像。具体如代码示例 5-6 所示。

代码示例 5-6：输出图像

```
from matplotlib import pyplot as plt

plt.figure()
```

107

```
fig,ax = plt.subplots(2,5)
fig.set_figheight(7)
fig.set_figwidth(15)
ax=ax.flatten()
X,Y=next(validation_generator)
for i in range(10): ax[i].imshow(X[i,:,:,:])
```

输出结果为：

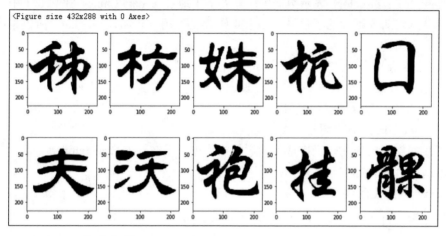

3. AlexNet 代码实现

有了 LeNet-5 的代码基础，相信大家看懂 AlexNet 的代码不是难事。AlexNet 的代码如代码示例 5-7 所示，代码细节不再赘述。

代码示例 5-7：AlexNet 代码实现

扫一扫

AlexNet 代码实现

```
from keras.layers import Activation,Conv2D, Dense
from keras.layers import Dropout, Flatten, Input, MaxPooling2D,
from keras import Model

IMSIZE = 227
input_layer = Input([IMSIZE,IMSIZE,3])
x = input_layer
x = Conv2D(96,[11,11],strides = [4,4], activation = 'relu')(x)
x = MaxPooling2D([3,3], strides = [2,2])(x)
x = Conv2D(256,[5,5],padding = "same", activation = 'relu')(x)
x = MaxPooling2D([3,3], strides = [2,2])(x)
x = Conv2D(384,[3,3],padding = "same", activation = 'relu')(x)
x = Conv2D(384,[3,3],padding = "same", activation = 'relu')(x)
x = Conv2D(256,[3,3],padding = "same", activation = 'relu')(x)
x = MaxPooling2D([3,3], strides = [2,2])(x)
x = Flatten()(x)
x = Dense(4096,activation = 'relu')(x)
x = Dropout(0.5)(x)
x = Dense(4096,activation = 'relu')(x)
x = Dropout(0.5)(x)
```

```
x = Dense(2,activation = 'softmax')(x)
output_layer=x
model=Model(input_layer,output_layer)
model.summary()
```

通过 model.summary()给出的模型概要表如图 5.5 所示。下面让我们再次复习一下有关神经网络参数个数的计算。

（1）第 1 层卷积核的大小为11×11，消耗的参数个数为$(11\times11\times3+1)\times96=34\,944$（加 1 的原因是多一个截距项，乘以 96 是因为总共有 96 个卷积核）。

（2）第 2 层为最大值池化，不消耗任何参数。

（3）该层的输入为第 2 层池化输出，为$27\times27\times96$的立体矩阵，在这个基础上做规格大小为5×5的卷积，消耗的参数个数为$(5\times5\times96+1)\times256=614\,656$。

再之后的参数个数，读者可以自行计算并与图 5.5 中的结果对比。这样的练习对于理解神经网络的结构是非常有帮助的。

```
Layer (type)                   Output Shape            Param #
=============================================================
input_1 (InputLayer)           (None, 227, 227, 3)     0
_____
conv2d_1 (Conv2D)              (None, 55, 55, 96)      34944
_____
max_pooling2d_1 (MaxPooling2   (None, 27, 27, 96)      0
_____
conv2d_2 (Conv2D)              (None, 27, 27, 256)     614656
_____
max_pooling2d_2 (MaxPooling2   (None, 13, 13, 256)     0
_____
conv2d_3 (Conv2D)              (None, 13, 13, 384)     885120
_____
conv2d_4 (Conv2D)              (None, 13, 13, 384)     1327488
_____
conv2d_5 (Conv2D)              (None, 13, 13, 256)     884992
_____
max_pooling2d_3 (MaxPooling2   (None, 6, 6, 256)       0
_____
flatten_1 (Flatten)            (None, 9216)            0
_____
dense_1 (Dense)                (None, 4096)            37752832
_____
dropout_1 (Dropout)            (None, 4096)            0
_____
dense_2 (Dense)                (None, 4096)            16781312
_____
dropout_2 (Dropout)            (None, 4096)            0
_____
dense_3 (Dense)                (None, 2)               8194
=============================================================
Total params: 58,289,538
Trainable params: 58,289,538
Non-trainable params: 0
_____
```

图 5.5　AlexNet 模型概要表

4．AlexNet 编译运行

AlexNet 的模型编译设定和 LeNet-5 类似，因为处理的都是分类问题，损失函数指定为 categorical_crossentropy，优化方法为 Adam（学习速率指定为 0.001），评价指标为预测精度。作为示例，进行 20 个 Epoch 循环。从结果可以看到，进行第 10 个 Epoch 时外样本精度已经有 99%，效果非常不错。具体如代码示例 5-8 所示。

代码示例 5-8：AlexNet 模型编译与拟合

```
from keras.optimizers import Adam
model.compile(loss='categorical_crossentropy',optimizer=Adam(lr=0.001),metrics
=['accuracy'])
model.fit_generator(train_generator,epochs=20,validation_data=validation_gener
ator)
```

输出结果为：

```
Epoch 1/20
40/40 [==============================] - 12s 304ms/step - loss: 0.1049 - acc: 0.9674 -
val_loss: 0.0096 - val_acc: 0.9973
Epoch 2/20
40/40 [==============================] - 10s 254ms/step - loss: 0.0050 - acc: 0.9988 -
val_loss: 0.0111 - val_acc: 0.9971
Epoch 3/20
40/40 [==============================] - 10s 254ms/step - loss: 0.0028 - acc: 0.9993 -
val_loss: 0.0079 - val_acc: 0.9980
Epoch 4/20
40/40 [==============================] - 10s 254ms/step - loss: 0.0028 - acc: 0.9991 -
val_loss: 0.0149 - val_acc: 0.9962
Epoch 5/20
40/40 [==============================] - 10s 253ms/step - loss: 0.0015 - acc: 0.9996 -
val_loss: 0.0079 - val_acc: 0.9982
Epoch 6/20
40/40 [==============================] - 10s 253ms/step - loss: 7.9713e-04 - acc: 0.999
6 - val_loss: 0.0090 - val_acc: 0.9978
Epoch 7/20
40/40 [==============================] - 10s 254ms/step - loss: 5.1543e-05 - acc: 1.000
0 - val_loss: 0.0161 - val_acc: 0.9976
Epoch 8/20
40/40 [==============================] - 10s 253ms/step - loss: 0.0077 - acc: 0.9984 -
val_loss: 0.0081 - val_acc: 0.9967
Epoch 9/20
40/40 [==============================] - 10s 253ms/step - loss: 0.0020 - acc: 0.9995 -
val_loss: 0.0093 - val_acc: 0.9980
Epoch 10/20
```

5.3 VGG

VGG 是牛津大学计算机视觉组和 DeepMind 公司共同研发的一种深度卷积神经网络，并在 2014 年的 ILSVRC（ImageNet Large Scale Visual Recognition Competition）比赛上获得了分类项目的第 2 名和定位项目的第 1 名[①]。VGG 是 Visual Geometry Group, Department of Engineering Science, University of Oxford 的缩写。他们在参加 ILSVRC 2014 时，组名叫 VGG，

---

① Simonyan, K., & Zisserman, A. (2014). Very deep convolutional networks for large-scale image recognition. Computer Science.

所以提交的网络结构也叫 VGG，或者叫 VGGNet。

5.3.1　VGG 网络结构

VGG 使用小卷积核和增加卷积神经网络的深度提升分类识别效果。VGG 共有 6 种网络结构，如图 5.6 所示。其中最广为流传的两种结构是 VGG16 和 VGG19，两者并没有本质上的区别，只是网络深度不同，前者是 16 层，后者是 19 层。

Table 1: **ConvNet configurations** (shown in columns). The depth of the configurations increases from the left (A) to the right (E), as more layers are added (the added layers are shown in bold). The convolutional layer parameters are denoted as "conv ⟨ receptive field size ⟩ - ⟨ number of channels ⟩". The ReLU activation function is not shown for brevity.

ConvNet Configuration					
A	A-LRN	B	C	D	E
11 weight layers	11 weight layers	13 weight layers	16 weight layers	16 weight layers	19 weight layers
input (224 × 224 RGB image)					
conv3-64	conv3-64 **LRN**	conv3-64 **conv3-64**	conv3-64 conv3-64	conv3-64 conv3-64	conv3-64 conv3-64
maxpool					
conv3-128	conv3-128	conv3-128 **conv3-128**	conv3-128 conv3-128	conv3-128 conv3-128	conv3-128 conv3-128
maxpool					
conv3-256 conv3-256	conv3-256 conv3-256	conv3-256 conv3-256	conv3-256 conv3-256 **conv1-256**	conv3-256 conv3-256 **conv3-256**	conv3-256 conv3-256 conv3-256 **conv3-256**
maxpool					
conv3-512 conv3-512	conv3-512 conv3-512	conv3-512 conv3-512	conv3-512 conv3-512 **conv1-512**	conv3-512 conv3-512 **conv3-512**	conv3-512 conv3-512 conv3-512 **conv3-512**
maxpool					
conv3-512 conv3-512	conv3-512 conv3-512	conv3-512 conv3-512	conv3-512 conv3-512 **conv1-512**	conv3-512 conv3-512 **conv3-512**	conv3-512 conv3-512 conv3-512 **conv3-512**
maxpool					
FC-4096					
FC-4096					
FC-1000					
soft-max					

图 5.6　VGG 原论文里的概述图

从图 5.6 可以看出，无论哪种网络结构，VGG 都包含 5 组卷积操作，每组卷积包含一定数量的卷积层，所以这可以看作一个五阶段的卷积特征提取。每组卷积后都进行一个 2×2 的最大值池化，最后是 3 个全连接层。尽管 A～E 网络的结构在逐步加深，但是参数个数并没有显著增加，这是因为最后 3 个全连接层的参数占据了绝大多数，而这 3 层在 A～E 这 5 种网络结构中是完全相同的。接下来以 VGG16 为例，介绍 VGG 的网络结构，它有 5 组卷积层和 3 个全连接层。

输入层：224像素×224像素×3的彩色图像。

第 1 组卷积层（2 次卷积）：Conv2D(3×3,64)，Stride(1)，same，ReLU，output：224×224×64。

第 1 个池化层：MaxPooling2D(2×2)，Stride(2)，output：112×112×64。

第 2 组卷积层（2 次卷积）：Conv2D(3×3,128)，Stride(1)，same，ReLU，output：112×112×128。

第 2 个池化层：MaxPooling2D(2×2)，Stride(2)，output：56×56×128。

第 3 组卷积层（3 次卷积）：Conv2D(3×3,256)，Stride(1)，same，ReLU，output：56×56×256。

第 3 个池化层：MaxPooling2D(2×2)，Stride(2)，output：28×28×256。

第 4 组卷积层（3 次卷积）：Conv2D(3×3,512)，Stride(1)，same，ReLU，output：28×28×512。

第 4 个池化层：MaxPooling2D(2×2)，Stride(2)，output:14×14×512。

第 5 组卷积层（3 次卷积）：Conv2D(3×3,512)，Stride(1)，same，ReLU，output：14×14×512。

第 5 个池化层：MaxPooling2D(2×2)，Stride(2)，output：7×7×512。

输出层：Flatten，Dense(4096)，Dense(4096)，Dense(1000)。

最后输出的全连接层有 1 000 个神经元，这是因为 VGG 处理的是 1000 分类问题。图 5.7 为 VGG16 的网络结构图解。

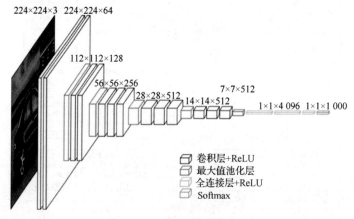

图 5.7　VGG16 网络结构图解

5.3.2　案例：加利福尼亚理工学院鸟类数据库分类

下面以加利福尼亚理工学院鸟类数据的分类为例，介绍 VGG 的代码实现。这是 2011 年的数据，一共有 11 788 张图像，总共将鸟分成了 200 个类别。

1．数据准备与处理

首先利用 5.2.3 节学习的数据生成器 ImageDataGenerator()函数产生训练和测试数据集，具体如代码示例 5-9 所示。

代码示例 5-9：数据生成器生成训练集与测试集

```
from keras.preprocessing.image import ImageDataGenerator

IMSIZE = 224
```

```
train_generator = ImageDataGenerator(rescale=1. / 255).flow_from_directory(
    './data_vgg/train',
    target_size=(IMSIZE, IMSIZE),
    batch_size=100,
    class_mode='categorical')

validation_generator = ImageDataGenerator(
    rescale=1. / 255).flow_from_directory(
        './data_vgg/test',
        target_size=(IMSIZE, IMSIZE),
        batch_size=100,
        class_mode='categorical')
```

数据生成之后，将测试集中的前 10 张图像展示出来，具体如代码示例 5-10 所示。

代码示例 5-10：图像展示

```
from matplotlib import pyplot as plt

plt.figure()
fig, ax = plt.subplots(2, 5)
fig.set_figheight(6)
fig.set_figwidth(15)
ax = ax.flatten()
X, Y = next(validation_generator)
for i in range(10):
    ax[i].imshow(X[i, :, :, ])
```

输出结果为：

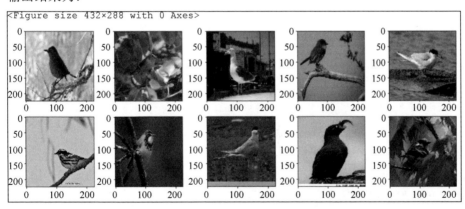

2. VGG16 代码实现

接下来采用 VGG16 解决鸟的分类问题，只要按照前面讲解的 VGG 网络结构一一对应实现即可。具体如代码示例 5-11 所示。

代码示例 5-11：VGG16 代码实现

```
from keras.layers import Conv2D, MaxPooling2D
```

```
from keras.layers import Flatten, Dense, Input, Activation
from keras import Model
from keras.layers import GlobalAveragePooling2D

IMSIZE = 224
input_shape = (IMSIZE, IMSIZE, 3)
input_layer = Input(input_shape)
x = input_layer

x = Conv2D(64, [3, 3], padding='same', activation='relu')(x)
x = Conv2D(64, [3, 3], padding='same', activation='relu')(x)
x = MaxPooling2D((2, 2))(x)

x = Conv2D(128, [3, 3], padding='same', activation='relu')(x)
x = Conv2D(128, [3, 3], padding='same', activation='relu')(x)
x = MaxPooling2D((2, 2))(x)

x = Conv2D(256, [3, 3], padding='same', activation='relu')(x)
x = Conv2D(256, [3, 3], padding='same', activation='relu')(x)
x = Conv2D(256, [3, 3], padding='same', activation='relu')(x)
x = MaxPooling2D((2, 2))(x)

x = Conv2D(512, [3, 3], padding='same', activation='relu')(x)
x = Conv2D(512, [3, 3], padding='same', activation='relu')(x)
x = Conv2D(512, [3, 3], padding='same', activation='relu')(x)
x = MaxPooling2D((2, 2))(x)

x = Conv2D(512, [3, 3], padding='same', activation='relu')(x)
x = Conv2D(512, [3, 3], padding='same', activation='relu')(x)
x = Conv2D(512, [3, 3], padding='same', activation='relu')(x)
x = MaxPooling2D((2, 2))(x)

x = GlobalAveragePooling2D()(x)

x = Dense(200)(x)
x = Activation('softmax')(x)
output_layer = x
model_vgg16 = Model(input_layer, output_layer)
model_vgg16.summary()
```

扫一扫

VGG16 代码实现

通过 model.summary()，依然可以获取 VGG16 的模型概要表，如图 5.8 所示。作为示例，前几层参数个数的计算过程如下。

（1）输入图像的像素大小是 224 像素×224 像素×3，经过 3×3 的卷积，消耗的参数个数是 3×3×3+1=28，因为有 64 个卷积核，因此消耗的参数个数就是 28×64=1 792。

（2）3×3 的卷积，消耗参数个数为 3×3×64+1=577，577×64=36 928。

（3）2×2 的池化，不消耗任何参数。

之后各层的参数个数请读者自行计算，并与图 5.8 所示的结果对比。

Layer (type)	Output Shape	Param #
input_2 (InputLayer)	(None, 224, 224, 3)	0
conv2d_1 (Conv2D)	(None, 224, 224, 64)	1792
conv2d_2 (Conv2D)	(None, 224, 224, 64)	36928
max_pooling2d_1 (MaxPooling2	(None, 112, 112, 64)	0
conv2d_3 (Conv2D)	(None, 112, 112, 128)	73856
conv2d_4 (Conv2D)	(None, 112, 112, 128)	147584
max_pooling2d_2 (MaxPooling2	(None, 56, 56, 128)	0
conv2d_5 (Conv2D)	(None, 56, 56, 256)	295168
conv2d_6 (Conv2D)	(None, 56, 56, 256)	590080
conv2d_7 (Conv2D)	(None, 56, 56, 256)	590080
max_pooling2d_3 (MaxPooling2	(None, 28, 28, 256)	0
conv2d_8 (Conv2D)	(None, 28, 28, 512)	1180160
conv2d_9 (Conv2D)	(None, 28, 28, 512)	2359808
conv2d_10 (Conv2D)	(None, 28, 28, 512)	2359808
max_pooling2d_4 (MaxPooling2	(None, 14, 14, 512)	0
conv2d_11 (Conv2D)	(None, 14, 14, 512)	2359808
conv2d_12 (Conv2D)	(None, 14, 14, 512)	2359808
conv2d_13 (Conv2D)	(None, 14, 14, 512)	2359808
max_pooling2d_5 (MaxPooling2	(None, 7, 7, 512)	0
global_average_pooling2d_1 (	(None, 512)	0
dense_2 (Dense)	(None, 200)	102600
activation_1 (Activation)	(None, 200)	0

Total params: 14,817,288
Trainable params: 14,817,288
Non-trainable params: 0

图 5.8　VGG16 模型概要表

3．VGG16 编译运行

最后，通过编译运行上述代码，可以发现 VGG16 在该数据集上的分类准确率并不是很高，只有 0.51%。一个可能的原因是 GPU 显存不足，设置的 epochs 和 batch_size 的参数不足。具体如代码示例 5-12 所示。

代码示例 5-12：VGG 模型的编译与拟合

```
from keras.optimizers import Adam
model_vgg16.compile(loss='categorical_crossentropy',optimizer=Adam(lr=0.001),
                    metrics=['accuracy'])
model_vgg16.fit_generator(train_generator,epochs=20,validation_data=validation_
generator)
```

115

输出结果为：

```
Epoch 1/20
83/83 [==============================] - 79s 947ms/step - loss: 5.2999 - acc: 0.0037 - val_loss: 5.2982 - val_acc: 0.0051
Epoch 2/20
83/83 [==============================] - 69s 837ms/step - loss: 5.2987 - acc: 0.0017 - val_loss: 5.2980 - val_acc: 0.0051
Epoch 3/20
83/83 [==============================] - 70s 838ms/step - loss: 5.2985 - acc: 0.0034 - val_loss: 5.2979 - val_acc: 0.0051
Epoch 4/20
83/83 [==============================] - 70s 843ms/step - loss: 5.2984 - acc: 0.0029 - val_loss: 5.2978 - val_acc: 0.0051
Epoch 5/20
83/83 [==============================] - 70s 840ms/step - loss: 5.2983 - acc: 0.0040 - val_loss: 5.2978 - val_acc: 0.0051
Epoch 6/20
83/83 [==============================] - 70s 840ms/step - loss: 5.2982 - acc: 0.0047 - val_loss: 5.2977 - val_acc: 0.0051
Epoch 7/20
83/83 [==============================] - 70s 848ms/step - loss: 5.2982 - acc: 0.0033 - val_loss: 5.2976 - val_acc: 0.0051
Epoch 8/20
83/83 [==============================] - 70s 847ms/step - loss: 5.2981 - acc: 0.0042 - val_loss: 5.2976 - val_acc: 0.0051
Epoch 9/20
83/83 [==============================] - 70s 846ms/step - loss: 5.2980 - acc: 0.0046 - val_loss: 5.2976 - val_acc: 0.0051
Epoch 10/20
83/83 [==============================] - 71s 854ms/step - loss: 5.2980 - acc: 0.0037 - val_loss: 5.2975 - val_acc: 0.0051
```

4．VGG16 + BN 代码实现

可以看到，VGG16 在鸟类分类上的准确率并不是很高。为了提高分类的准确率，可以尝试在每一层进行 Batch Normalization 的操作。

Batch Normalization 是把每层神经网络任意神经元输入值的分布变为均值为 0，方差为 1 的标准正态分布，以尽可能使在深度神经网络训练过程中，每一层神经网络的输入保持相同分布。关于 Batch Normalization 的思想与原理将在 5.4 节详细介绍。它的代码实现非常简单，只需在每一层之前加入 BatchNormalization() 函数即可。具体如代码示例 5-13 所示。

代码示例 5-13：VGG16 + BN 代码实现

```python
from keras.layers import Conv2D, BatchNormalization, MaxPooling2D
from keras.layers import Flatten, Dense, Input, Activation
from keras import Model
from keras.layers import GlobalAveragePooling2D

IMSIZE = 224
input_shape = (IMSIZE, IMSIZE, 3)
input_layer = Input(input_shape)
x = input_layer

x = BatchNormalization(axis=3)(x)
x = Conv2D(64, [3, 3], padding='same', activation='relu')(x)
x = BatchNormalization(axis=3)(x)
x = Conv2D(64, [3, 3], padding='same', activation='relu')(x)
x = MaxPooling2D((2, 2))(x)

x = BatchNormalization(axis=3)(x)
x = Conv2D(128, [3, 3], padding='same', activation='relu')(x)
x = BatchNormalization(axis=3)(x)
x = Conv2D(128, [3, 3], padding='same', activation='relu')(x)
x = MaxPooling2D((2, 2))(x)
```

```
x = BatchNormalization(axis=3)(x)
x = Conv2D(256, [3, 3], padding='same', activation='relu')(x)
x = BatchNormalization(axis=3)(x)
x = Conv2D(256, [3, 3], padding='same', activation='relu')(x)
x = BatchNormalization(axis=3)(x)
x = Conv2D(256, [3, 3], padding='same', activation='relu')(x)
x = MaxPooling2D((2, 2))(x)

x = BatchNormalization(axis=3)(x)
x = Conv2D(512, [3, 3], padding='same', activation='relu')(x)
x = BatchNormalization(axis=3)(x)
x = Conv2D(512, [3, 3], padding='same', activation='relu')(x)
x = BatchNormalization(axis=3)(x)
x = Conv2D(512, [3, 3], padding='same', activation='relu')(x)
x = MaxPooling2D((2, 2))(x)

x = BatchNormalization(axis=3)(x)
x = Conv2D(512, [3, 3], padding='same', activation='relu')(x)
x = BatchNormalization(axis=3)(x)
x = Conv2D(512, [3, 3], padding='same', activation='relu')(x)
x = BatchNormalization(axis=3)(x)
x = Conv2D(512, [3, 3], padding='same', activation='relu')(x)
x = MaxPooling2D((2, 2))(x)

x = GlobalAveragePooling2D()(x)

x = Dense(200, activation='softmax')(x)
output_layer = x
model_vgg16_b = Model(input_layer, output_layer)
model_vgg16_b.summary()
```

最终的训练结果如图 5.9 所示。可以看出，20 次 epochs 之后外样本准确率能达到 32.68%，这较之前没有进行 BN 操作的精度（0.51%）有非常大的提高。

```
Epoch 8/20
165/165 [==============================] - 91s 549ms/step - loss: 3.7504 - acc: 0.1373 - val_loss: 5.4612 - val_acc: 0.0636
Epoch 9/20
165/165 [==============================] - 91s 551ms/step - loss: 3.5110 - acc: 0.1682 - val_loss: 4.6951 - val_acc: 0.0959
Epoch 10/20
165/165 [==============================] - 91s 551ms/step - loss: 3.2469 - acc: 0.2150 - val_loss: 4.3251 - val_acc: 0.1375
Epoch 11/20
165/165 [==============================] - 91s 551ms/step - loss: 2.9822 - acc: 0.2634 - val_loss: 3.9821 - val_acc: 0.1800
Epoch 12/20
165/165 [==============================] - 90s 548ms/step - loss: 2.7363 - acc: 0.3105 - val_loss: 3.4710 - val_acc: 0.2129
Epoch 13/20
165/165 [==============================] - 91s 549ms/step - loss: 2.5109 - acc: 0.3681 - val_loss: 3.5582 - val_acc: 0.2388
Epoch 14/20
165/165 [==============================] - 90s 548ms/step - loss: 2.2293 - acc: 0.4261 - val_loss: 4.4043 - val_acc: 0.2044
Epoch 15/20
165/165 [==============================] - 91s 549ms/step - loss: 1.9642 - acc: 0.4785 - val_loss: 3.2272 - val_acc: 0.2753
Epoch 16/20
165/165 [==============================] - 90s 548ms/step - loss: 1.6750 - acc: 0.5479 - val_loss: 3.3494 - val_acc: 0.2747
Epoch 17/20
165/165 [==============================] - 91s 554ms/step - loss: 1.4791 - acc: 0.5909 - val_loss: 3.1206 - val_acc: 0.3245
Epoch 18/20
165/165 [==============================] - 91s 550ms/step - loss: 1.1871 - acc: 0.6705 - val_loss: 3.2279 - val_acc: 0.3462
Epoch 19/20
165/165 [==============================] - 91s 549ms/step - loss: 0.9237 - acc: 0.7389 - val_loss: 3.4798 - val_acc: 0.3240
Epoch 20/20
165/165 [==============================] - 91s 549ms/step - loss: 0.7362 - acc: 0.7917 - val_loss: 3.8488 - val_acc: 0.3268
```

图 5.9　VGG16+BN 训练结果

5.4 Batch Normalization 使用技巧

在前面介绍 VGG16 网络时，我们提到一个操作叫 Batch Normalization。究竟什么是 Batch Normalization？它的原理是什么？本节就来讲解它的核心思想。Batch Normalization 是 2015 年 Google 研究员在论文 *Batch Normalization: Accelerating Deep Network Training by Reducing Internal Covariate Shift* 中提出来的，同时他也将这个方法用在了 GoogLeNet 上（一个非常经典的 CNN 网络 Inception-v2）。很多经验表明，在某些数据集上，Batch Normalization 起的作用非常巨大。

5.4.1 Batch Normalization 的核心思想

在介绍 Batch Normalization 的核心思想之前，首先我们需要理解什么是 Batch。所谓 Batch，就是只使用训练集中的一小部分样本对模型权重进行一次反向传播的参数更新，这一小部分样本被称作 Batch，也称为批次。例如，对一些数据进行随机排序之后，样本量为 1 万，如果定义 Batch Size=200，那么 1 万个随机排序后的数据被以 200 为基本规格的 Batch 切割成了 50 份，这就是 50 个 Batch。

在做数据模型优化时，读入第一个 Batch，在这个 Batch 上计算梯度方向，因为 Batch 是随机的，所以这个方向可能也是随机的。接着参数按这个方向做一定的更新迭代，再计算下一个 Batch。当 50 个 Batch 全部做完之后，所有的样本都被遍历了一遍，这叫一个 Epoch 循环。Batch 和 Epoch 的详细图解如图 5.10 所示。在做模型优化时，需要多少个 Epoch 循环，Batch Size 设定为多少，是不容易确定的选择，常常要经过很多尝试，才可能找到一个比较让人满意的组合。

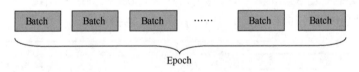

图 5.10 Batch 和 Epoch 的详细图解

由于数据是分批次读入的，因而会有很多随机变异性，可能会产生很多问题。在传统的数据分析中，已被广为验证的一个基本方法就是，把数据适当地标准化。标准化后，模型会变得更加稳定。最简单的标准化方法是将数据变为均值为 0，标准差为 1。如果把一个 Batch 每层不同通道的像素取值看作一个整体，Batch Normalization 的核心就是让像素取值变为均值为 0，方差为 1。Batch Normalization 的核心思想如图 5.11 所示。对图 5.11 中的一些参数解释如下。

（1）计算样本均值 μ，这是第 1 个参数，接着计算方差 σ^2，这是第 2 个参数。

（2）对 x_i 进行标准化，图 5.11 中 $\hat{x}_i$ 这个公式并不是严格的标准化公式，因为方差后面还加了一个 ε，这是因为图像数据有可能会出现方差为 0 的情况。例如，某个特定的像素点在边缘上，它的取值全部为 0，此时分母为 0，计算机会报错。因此为了数值计算的稳定，要在分母上加一个 ε，它的数值由 TensorFlow 固定，是一个很小的正数。

$$
\begin{aligned}
&\text{输入：一个 mini-batch 中 } x \text{ 的取值 } B = \{x_{1\ldots m}\}; \\
&\qquad\quad\text{需要学习的参数 } \gamma, \beta \\
&\text{输出：} \{y_i = BN_{\gamma,\beta}(x_i)\} \\[6pt]
&\mu_B \leftarrow \frac{1}{m}\sum_{i-1}^{m} x_i \qquad\qquad\quad //\text{mini-batch 均值} \\
&\sigma_B^2 \leftarrow \frac{1}{m}\sum_{i-1}^{m}(x_i - \mu_B)^2 \qquad //\text{mini-batch 方差} \\
&\hat{x}_i \leftarrow \frac{x_i - \mu_B}{\sqrt{\sigma_B^2 + \varepsilon}} \qquad\qquad\qquad //\text{标准化} \\
&y_i \leftarrow \gamma\hat{x}_i + \beta \equiv BN_{\gamma,\beta}(x_i) \qquad //\text{变形}
\end{aligned}
$$

图 5.11　Batch Normalization 的核心思想

（3）对 $\hat{x}_i$ 进行合理的线性变化，因此有 γ 和 β，这样才能保证输出不会被激活函数全部变成 0，或者没有改变。

（4）Batch Normalization 之后，这些像素数据的激活程度由 γ 和 β 确定。其中 μ 和 σ^2 是可以直接计算的，不需要训练；而 γ 和 β 是要根据具体的模型结构和数据，让模型按照给定的优化算法和目标函数进行优化。这就是 Batch Normalization 需要的 4 个参数。

5.4.2　带有 BN 的逻辑回归

下面通过一个非常有趣的案例数据来介绍 Batch Normalization。该数据集的核心任务是对猫狗进行分类。数据的训练集和测试集分别存储在本地目录./data/CatDog/train/和./data/CatDog/validation/下。每个目录下有两个类别，分别是 cats 和 dogs，如图 5.12 所示。

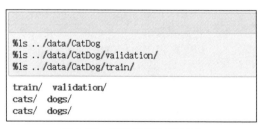

图 5.12　猫狗数据存放目录

1．数据准备与展示

仍然通过 ImageDataGenerator() 函数分别构造训练集数据生成器和测试集数据生成器，具体如代码示例 5-14 所示。

代码示例 5-14：数据生成器生成训练集与测试集

```
from keras.preprocessing.image import ImageDataGenerator

IMSIZE=128

validation_generator = ImageDataGenerator(rescale=1./255).flow_from_directory(
    './data_bn/CatDog/validation',
    target_size=(IMSIZE, IMSIZE),
    batch_size=200,
    class_mode='categorical')

train_generator = ImageDataGenerator(rescale=1./255).flow_from_directory(
    './data_bn/CatDog/train',
    target_size=(IMSIZE, IMSIZE),
    batch_size=200,
    class_mode='categorical')
```

通过 next() 函数展示 X 和 Y，其中 X 是图像，Y 是相应的因变量。X 的形状由 4 个数值组成，第一个 200 代表 200 张图像，剩下 3 个数字表示图像的分辨率是 128 像素×128 像素，且是一个 3 通道的彩色照片。Y 是一个 200 行 2 列的矩阵，并且已经转换成了 one-hot 的编码形式。具体如代码示例 5-15 所示。

代码示例 5-15：展示 X 与 Y

```
import numpy as np
X,Y=next(validation_generator)
print(X.shape)
print(Y.shape)
Y[:,0]
```

输出结果为：

```
(200, 128, 128, 3)
(200, 2)
```

```
array([1., 1., 1., 1., 1., 1., 1., 0., 1., 0., 1., 0., 0., 1., 1., 1., 1.,
       0., 1., 0., 0., 1., 0., 0., 0., 0., 0., 0., 0., 1., 1., 0., 1., 0.,
       1., 0., 1., 0., 0., 0., 1., 1., 1., 0., 1., 1., 1., 0., 0., 0., 0.,
       1., 1., 0., 1., 0., 1., 0., 1., 1., 1., 0., 1., 0., 0., 0., 1., 1.,
       1., 1., 0., 0., 1., 1., 0., 0., 0., 0., 0., 1., 0., 0., 0., 0.,
       1., 0., 0., 0., 1., 0., 1., 1., 1., 0., 1., 1., 1., 1., 0., 1.,
       0., 0., 0., 1., 1., 0., 1., 0., 0., 1., 1., 1., 0., 1., 0., 0.,
       0., 0., 1., 1., 1., 1., 1., 0., 1., 1., 1., 0., 0., 1., 0., 0.,
       1., 0., 1., 1., 1., 1., 0., 1., 1., 1., 1., 0., 1., 0., 0., 1.,
       0., 0., 1., 1., 0., 1., 0., 1., 1., 1., 1., 0., 0., 1., 0., 0.,
       0., 0., 0., 0., 0., 1., 0., 1., 1., 0., 1., 1., 1.], dtype=float32)
```

接下来展示 validation_generator 输出的前 10 张图像，会看到很多猫和狗的照片。具体如代码示例 5-16 所示。

代码示例 5-16：展示图像

```
from matplotlib import pyplot as plt

plt.figure()
fig,ax = plt.subplots(2,5)
fig.set_figheight(6)
fig.set_figwidth(15)
ax=ax.flatten()
for i in range(10): ax[i].imshow(X[i,:,:,:])
```

输出结果为：

2. 带有 BN 的逻辑回归模型

接下来构建带有 BN 的逻辑回归模型来实现猫狗分类，这时需要从 Keras 的 layers 中加载 Batch Normalization 模块。逻辑回归的代码大家已经非常熟悉了，只需要在 input_layer 下增加一行代码 x=BatchNormalization()(x)，即可实现 BN 操作。具体如代码示例 5-17 所示。

代码示例 5-17：带有 BN 的逻辑回归

```
from keras.layers import Flatten,Input,BatchNormalization,Dense
from keras import Model
input_layer=Input([IMSIZE,IMSIZE,3])
x=input_layer
x=BatchNormalization()(x)
x=Flatten()(x)
x=Dense(2,activation='softmax')(x)
output_layer=x
model1=Model(input_layer,output_layer)
model1.summary()
```

输出结果为：

```
Layer (type)                 Output Shape               Param #
=================================================================
input_1 (InputLayer)         (None, 128, 128, 3)        0
_____
batch_normalization_1 (Batch (None, 128, 128, 3)        12
_____
flatten_1 (Flatten)          (None, 49152)              0
_____
dense_1 (Dense)              (None, 2)                  98306
=================================================================
Total params: 98,318
Trainable params: 98,312
Non-trainable params: 6
```

代码示例 5-18 展示了模型拟合结果。作为示例，此处只运行了 10 个 Epochs。从结果来看，这个分类效果并不怎么好，精度在 54% 左右。准确率虽然不是特别高，但是它说明最简单的逻辑回归已经在起作用了。如果把 Batch Normalization 从逻辑回归中去掉，就会发现预测精度马上变成 50% 左右。所以从这个例子中，可以看到 Batch Normalization 在特定的模型、特定的数据集上是有帮助的。

代码示例 5-18：带有 BN 的逻辑回归模型与拟合

```
from keras.optimizers import Adam
model1.compile(loss='categorical_crossentropy',optimizer=Adam(lr=0.01),metrics=
['accuracy'])
    model1.fit_generator(train_generator,epochs=200,validation_data=validation_
generator)
```

输出结果为：

```
Epoch 1/200
75/75 [==============================] - 34s 460ms/step - loss: 7.5088 - acc: 0.5247 - val_loss: 7.5249 - val_acc: 0.5312
Epoch 2/200
75/75 [==============================] - 31s 416ms/step - loss: 7.3852 - acc: 0.5399 - val_loss: 7.3500 - val_acc: 0.5427
Epoch 3/200
75/75 [==============================] - 31s 415ms/step - loss: 7.3051 - acc: 0.5449 - val_loss: 7.2637 - val_acc: 0.5479
Epoch 4/200
75/75 [==============================] - 31s 415ms/step - loss: 7.0593 - acc: 0.5595 - val_loss: 7.3365 - val_acc: 0.5432
Epoch 5/200
75/75 [==============================] - 31s 415ms/step - loss: 7.2078 - acc: 0.5514 - val_loss: 7.3233 - val_acc: 0.5448
Epoch 6/200
75/75 [==============================] - 31s 415ms/step - loss: 7.2263 - acc: 0.5503 - val_loss: 7.2919 - val_acc: 0.5460
Epoch 7/200
75/75 [==============================] - 31s 416ms/step - loss: 7.1971 - acc: 0.5521 - val_loss: 7.4978 - val_acc: 0.5342
Epoch 8/200
75/75 [==============================] - 31s 415ms/step - loss: 7.6049 - acc: 0.5276 - val_loss: 7.6928 - val_acc: 0.5224
Epoch 9/200
75/75 [==============================] - 31s 415ms/step - loss: 7.5302 - acc: 0.5324 - val_loss: 7.6167 - val_acc: 0.5265
Epoch 10/200
75/75 [==============================] - 31s 415ms/step - loss: 7.5678 - acc: 0.5299 - val_loss: 7.5215 - val_acc: 0.5324
```

5.4.3 带有 BN 的宽模型

作为拓展，下面我们考虑一些稍微复杂的模型。第 1 个模型我们把它定义为宽模型。之所以称为宽模型，是因为它用了很多个卷积核，即较深的卷积通道。具体代码和 5.4.2 节的逻辑回归差不多，唯一的区别是增加了两行，一个是卷积操作，使用 100 个大小为 2×2 的卷积核进行 valid 卷积；另一个是池化操作，进行规格大小为16×16 的最大值池化。具体如代码示例5-19 所示。

代码示例 5-19：带有 BN 的宽模型

```
from keras.layers import Conv2D,MaxPooling2D

n_channel=100
input_layer=Input([IMSIZE,IMSIZE,3])
x=input_layer
x=BatchNormalization()(x)
x=Conv2D(n_channel,[2,2],activation='relu')(x)
x=MaxPooling2D([16,16])(x)
x=Flatten()(x)
x=Dense(2,activation='softmax')(x)
output_layer=x
model2=Model(input_layer,output_layer)
model2.summary()
```

输出结果为：

```
Layer (type)                  Output Shape           Param #
=================================================================
input_2 (InputLayer)          (None, 128, 128, 3)    0
_____
batch_normalization_2 (Batch  (None, 128, 128, 3)    12
_____
conv2d_1 (Conv2D)             (None, 127, 127, 100)  1300
_____
max_pooling2d_1 (MaxPooling2   (None, 7, 7, 100)      0
_____
flatten_2 (Flatten)           (None, 4900)           0
_____
dense_2 (Dense)               (None, 2)              9802
=================================================================
Total params: 11,114
Trainable params: 11,108
Non-trainable params: 6
```

下面我们来复习有关参数个数的计算。

（1）卷积之后，图像变为127像素×127像素的规格，每一个卷积核消耗 2×2×3+1=13 个参数，因为一共有 100 个卷积核，所以参数总个数是 1 300。

（2）池化操作时，我们发现 127 不能被 16 整除，只能做 7 个真正有效的最大值池化，所以最后这一层的输出是 7×7×100=4 900 的立体矩阵。将它拉直成一个长度为 4 900 的向量，构造全连接层，最后输出到两个节点。此时消耗的参数个数是 4 900×2+2=9 802 。

（3）总的参数个数为 9 802+1 300+12 = 11 114 。

（4）在这 11 114 个参数中，有 6 个参数是不需要训练的，这是因为进行 Batch Normalization 时，每一个通道要消耗 4 个参数，这 4 个参数中的均值和方差是不需要训练的，每个通道有 2

个参数不需要训练，一共 3 个通道，因此有 6 个参数不需要训练，这使得最后实际上需要训练的参数总数是 11 108。

前 10 次 Epoch 的结果显示，在测试数据集上的预测精度可以达到 78%以上，比刚才逻辑回归的结果好很多。虽然这个精度也不是特别高，但它已经代表了一个巨大的进步。具体如代码示例 5-20 所示。

代码示例 5-20：带有 BN 的宽模型的编译与拟合

```
model2.compile(loss='categorical_crossentropy',optimizer=Adam(lr=0.01),
metrics=['accuracy'])
model2.fit_generator(train_generator,epochs=200,validation_data=validation_
generator)
```

输出结果为：

```
Epoch 1/200
75/75 [==============================] - 35s 467ms/step - loss: 0.9801 - acc: 0.6256 - val_loss: 0.5489 - val_acc: 0.7233
Epoch 2/200
75/75 [==============================] - 32s 431ms/step - loss: 0.5273 - acc: 0.7379 - val_loss: 0.5112 - val_acc: 0.7503
Epoch 3/200
75/75 [==============================] - 32s 429ms/step - loss: 0.5172 - acc: 0.7515 - val_loss: 0.5059 - val_acc: 0.7601
Epoch 4/200
75/75 [==============================] - 32s 427ms/step - loss: 0.4775 - acc: 0.7782 - val_loss: 0.4754 - val_acc: 0.7740
Epoch 5/200
75/75 [==============================] - 32s 423ms/step - loss: 0.4606 - acc: 0.7871 - val_loss: 0.5317 - val_acc: 0.7570
Epoch 6/200
75/75 [==============================] - 32s 422ms/step - loss: 0.4643 - acc: 0.7832 - val_loss: 0.4908 - val_acc: 0.7686
Epoch 7/200
75/75 [==============================] - 32s 423ms/step - loss: 0.4445 - acc: 0.7968 - val_loss: 0.4711 - val_acc: 0.7795
Epoch 8/200
75/75 [==============================] - 32s 422ms/step - loss: 0.4589 - acc: 0.7879 - val_loss: 0.4732 - val_acc: 0.7800
Epoch 9/200
75/75 [==============================] - 32s 422ms/step - loss: 0.4385 - acc: 0.7967 - val_loss: 0.5444 - val_acc: 0.7464
Epoch 10/200
75/75 [==============================] - 32s 422ms/step - loss: 0.4308 - acc: 0.8029 - val_loss: 0.4680 - val_acc: 0.7879
```

5.4.4　带有 BN 的深度模型

第 2 个模型我们考虑深度模型。这个模型中，卷积核的个数减少，但是模型的层数增加。例如，在每一层卷积后都进行一个规格大小为 2×2 的最大值池化操作，那么像素大小会变成原来的一半，因为输入的像素是 128，它是 2 的 7 次方，这决定了最多只能做 7 层。这是深度模型大概的框架。

具体而言，每一层使用 20 个卷积核，接下来进行一个长度为 7 的循环，每一步要重复一个卷积和池化的基本操作，其中卷积层进行规格大小为 2×2 的 same 卷积，池化层进行规格大小为 2×2 的最大值池化。经过 7 层之后，最后的输出就变成 1×1 的像素矩阵。然后将其拉直并用 Softmax 函数激活，输出到两个节点上。具体如代码示例 5-21 所示。

代码示例 5-21：带有 BN 的深度模型

```
n_channel=20
input_layer=Input([IMSIZE,IMSIZE,3])
x=input_layer
```

```
x=BatchNormalization()(x)
for _ in range(7):
    x=Conv2D(n_channel,[2,2],padding='same',activation='relu')(x)
    x=MaxPooling2D([2,2])(x)
x=Flatten()(x)
x=Dense(2,activation='softmax')(x)
output_layer=x
model3=Model(input_layer,output_layer)
model3.summary()
```

通过 model.summary()可以输出深度模型的参数概要表，如图 5.13 所示。可以看到最后需要训练的参数总个数是 10 028，比前一个宽模型稍少，但是在一个可比的范围内，这样二者的预测精度也可以保证大概可比。

Layer (type)	Output Shape	Param #
input_3 (InputLayer)	(None, 128, 128, 3)	0
batch_normalization_3 (Batch	(None, 128, 128, 3)	12
conv2d_2 (Conv2D)	(None, 128, 128, 20)	260
max_pooling2d_2 (MaxPooling2	(None, 64, 64, 20)	0
conv2d_3 (Conv2D)	(None, 64, 64, 20)	1620
max_pooling2d_3 (MaxPooling2	(None, 32, 32, 20)	0
conv2d_4 (Conv2D)	(None, 32, 32, 20)	1620
max_pooling2d_4 (MaxPooling2	(None, 16, 16, 20)	0
conv2d_5 (Conv2D)	(None, 16, 16, 20)	1620
max_pooling2d_5 (MaxPooling2	(None, 8, 8, 20)	0
conv2d_6 (Conv2D)	(None, 8, 8, 20)	1620
max_pooling2d_6 (MaxPooling2	(None, 4, 4, 20)	0
conv2d_7 (Conv2D)	(None, 4, 4, 20)	1620
max_pooling2d_7 (MaxPooling2	(None, 2, 2, 20)	0
conv2d_8 (Conv2D)	(None, 2, 2, 20)	1620
max_pooling2d_8 (MaxPooling2	(None, 1, 1, 20)	0
flatten_3 (Flatten)	(None, 20)	0
dense_3 (Dense)	(None, 2)	42

```
Total params: 10,034
Trainable params: 10,028
Non-trainable params: 6
```

图 5.13　深度模型参数概要表

125

课堂思考

类比 5.4.3 节用宽模型计算参数个数的思路，尝试计算该深度模型每层消耗的参数个数，并与图 5.13 所示的结果对比。你算对了么？

运行该深度模型，可以看到前 10 次 Epoch 循环的预测精度在 78%左右，如代码示例 5-22 所示。也许这就是深度带来的好处。但理论上为什么是这样，我们并不是非常的清楚，相信这仍然是一个非常值得研究的理论课题。

代码示例 5-22：带有 BN 的深度模型编译与拟合

```
model3.compile(loss='categorical_crossentropy',optimizer=Adam(lr=0.01),
metrics=['accuracy'])
model3.fit_generator(train_generator,epochs=200,validation_data=validation_
generator)
```

输出结果为：

```
Epoch 1/200
75/75 [==============================] - 35s 465ms/step - loss: 0.6650 - acc: 0.5850 - val_loss: 0.6096 - val_acc: 0.6753
Epoch 2/200
75/75 [==============================] - 31s 419ms/step - loss: 0.5888 - acc: 0.6865 - val_loss: 0.5851 - val_acc: 0.6995
Epoch 3/200
75/75 [==============================] - 31s 418ms/step - loss: 0.5570 - acc: 0.7124 - val_loss: 0.5553 - val_acc: 0.7154
Epoch 4/200
75/75 [==============================] - 31s 420ms/step - loss: 0.5153 - acc: 0.7455 - val_loss: 0.5554 - val_acc: 0.7315
Epoch 5/200
75/75 [==============================] - 32s 420ms/step - loss: 0.5066 - acc: 0.7531 - val_loss: 0.5147 - val_acc: 0.7527
Epoch 6/200
75/75 [==============================] - 31s 419ms/step - loss: 0.4778 - acc: 0.7731 - val_loss: 0.4805 - val_acc: 0.7654
Epoch 7/200
75/75 [==============================] - 31s 420ms/step - loss: 0.4696 - acc: 0.7777 - val_loss: 0.4826 - val_acc: 0.7674
Epoch 8/200
75/75 [==============================] - 31s 420ms/step - loss: 0.4461 - acc: 0.7909 - val_loss: 0.4916 - val_acc: 0.7652
Epoch 9/200
75/75 [==============================] - 31s 419ms/step - loss: 0.4356 - acc: 0.8007 - val_loss: 0.4616 - val_acc: 0.7821
Epoch 10/200
```

最后总结一下，Batch Normalization 在很多情况下确实是帮助巨大的，但并不是对所有情况都有帮助。在什么情况下 Batch Normalization 能够让结果变好，在什么情况下没有帮助目前是不清楚的，是值得我们思考和研究的。

5.5 Data Augmentation 使用技巧

Data Augmentation 有时候被翻译成"数据增强"，或者"数据增广"，它通过对数据施加各种变换来达到增加样本量的目的。数据增强是深度学习中除了 Batch Normalization 外另一个非常常用的技巧，本节介绍这个技巧的核心思想及其实现过程。

5.5.1 Data Augmentation 的核心思想

首先通过一个具体的例子直观地展示什么是数据增强。图 5.14 左边是一个可爱的熊头速写，右边是它的各种变形，本质上左边和右边是同一个目标。右边的 9 张图像分别做了如下形式的各种变换。

（1）第 1 行第 1 张图像是将熊头放大成原来的 2 倍。

（2）第 1 行第 2 张图像是将熊头变小成原来的 1/2。

（3）第 1 行第 3 张图像是将熊头向右旋转了 30°。

（4）第 2 行第 1 张图像有点特殊，这个图像横纵轴的比例变换了，被拉伸了，类似于把一个正方形拉成平行四边形，这个操作叫 Shear，它是一个拉伸尺度变换的操作。

（5）第 2 行第 2 张图像是垂直向下平移。

（6）第 2 行第 3 张图像是垂直向上平移。

（7）第 3 行第 1 张图像是水平向右平移。

（8）第 3 行第 2 张图像是水平向左平移。

（9）第 3 行第 3 张图像是把原来的熊头左右翻转，这是在水平方向上的 Flip（翻转变换）。

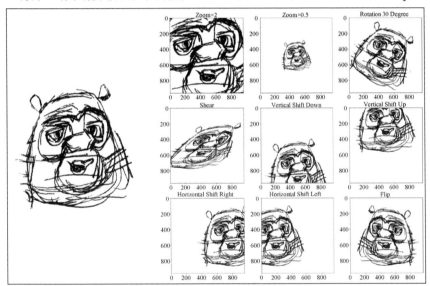

图 5.14 "变形"的熊头

可以看到，无论怎么变换，我们都认为它就是那张熊头图像，从人的肉眼看来，这是同一个目标。这是人的肉眼和大脑在处理图像时非常了不起的地方。但是在计算机的视野里，图像就是一个立体矩阵，原来的图像被拉伸、变换或旋转，对计算机而言都是一个全新的矩阵，但是从人的视野来看，这完全是同一个目标。

从这个层面，计算机对图像数据用矩阵形式表达是不充分的。因此从某种意义上，在把一张图像变成矩阵的过程中，是有信息损失的，而这些损失的信息很宝贵，有可能帮助我们把模型做得更好。所以为了弥补这个缺陷，需要"数据增强"操作。简单地说，就是要基于一张图像数据，对它进行各种合理的变换，将变换后的图像作为新的样本，和旧的样本充分混合在一起，形成一个理论上更加大的训练数据集，让模型可以训练得更加准确。所以数据增强最根本的原因是矩阵对图像的表达是不充分的。

5.5.2 案例：猫狗分类

如果理解了数据增强技巧是因为矩阵对图像的表达是不充分而产生的，就该知道这不是一件值得炫耀的事。因为如果在未来的某一天找到了一种对图像数据更好的数学上的表达，那么这些技巧是不必存在的。但是在现在没有更好的办法下，只能采取这个技巧。结合之前的猫狗分类数据，下面演示加入了数据增强的模型效果。

数据存放目录仍和 5.4.2 节的一样，这里不再详细讲述。首先为验证数据集生成一个数据生成器，验证数据集不需要做各种数据加强，相对简单。具体如代码示例 5-23 所示。

代码示例 5-23：数据生成器生成测试集

```
from keras.preprocessing.image import ImageDataGenerator

IMSIZE=128

validation_generator = ImageDataGenerator(rescale=1./255).flow_from_directory
    ('./data_bn/CatDog/validation',
    target_size=(IMSIZE, IMSIZE),
    batch_size=200,
    class_mode='categorical')
```

接下来介绍训练数据集的数据生成器用到的几个重要的数据增强参数。具体如代码示例 5-24 所示。

（1）shear_range 表示拉伸变换。shear_range=0.5 表示在一定角度下进行斜方向的变换拉伸，变换拉伸的强度不超过 0.5。

（2）rotation_range 用于定义图像左右旋转，rotation_range=30 表示旋转的角度不要超过 30°。

（3）zoom_range 用于定义图像放大或者缩小的比例。zoom_range=0.2 表示以 1.0 为标准，如果放大，那么放大比例不超过 1.2；如果缩小，那么缩小比例不超过 0.8。

（4）width_shift_range 表示水平方向上平移的尺度，它以宽度为基本单位。0.2 表示左右平移不要超过 0.2 倍宽度。

（5）height_shift_range 表示垂直方向上平移的尺度，以高度为基本单位。0.2 表示以 0.2 倍高度为最大值。

（6）horizontal_flip=True 表示允许水平方向的翻转。

代码示例 5-24：利用数据增强技术生成的训练集

```
train_generator = ImageDataGenerator(
    rescale=1./255,
    shear_range=0.5,
    rotation_range=30,
```

```
zoom_range=0.2,
width_shift_range=0.2,
height_shift_range=0.2,
horizontal_flip=True).flow_from_directory(
'./data_bn/CatDog/train',
target_size=(IMSIZE, IMSIZE),
batch_size=200,
class_mode='categorical')
```

展示训练数据集在数据增强下的输出，具体如代码示例 5-25 所示。可以发现，有的猫狗图像被莫名其妙地旋转了，如果是水平翻转，我们大概不容易发现，因为水平翻转之后猫仍然是猫，狗仍然是狗。旋转和平移变换会造成一个现象，就是图像中的某些位置没有像素存在，因为那个地方没有内容。这时候计算机会把离得最近的真实图像的像素插值进去，因此会在图像的边缘看到一些莫名其妙的、横着的、斜着的或是竖着的彩色条纹，显然这些都是没有意义的。但即使是这样，大多数经验表明，这在很大程度上能改善分类器的精度。

代码示例 5-25：展示数据增强后的图像

```
from matplotlib import pyplot as plt

plt.figure()
fig,ax = plt.subplots(2,5)
fig.set_figheight(6)
fig.set_figwidth(15)
ax=ax.flatten()
X,Y=next(train_generator)
for i in range(10): ax[i].imshow(X[i,:,:,:])
```

输出结果为：

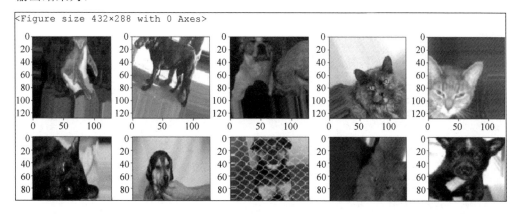

最后用 5.4.4 节的深度模型来测试数据增强的效果。输入是128像素×128像素×3的彩色图像，进行 7 层卷积和池化操作，每一层先做 Batch Normalization，然后用 100 个卷积核进行规格大小为 2×2 的 same 卷积，然后进行规格为 2×2 的最大值池化，最后将它拉直，形成一个全连接网络输出到两个节点。这个模型最终需要训练的参数个数是 243 314，读者可以自行推导

参数个数的计算。具体如代码示例 5-26 所示。

代码示例 5-26：数据增强模型

```
IMSIZE=128
from keras.layers import BatchNormalization,Conv2D,Dense,Flatten,Input,
MaxPooling2D
from keras import Model

n_channel=100
input_layer=Input([IMSIZE,IMSIZE,3])
x=input_layer
x=BatchNormalization()(x)
for _ in range(7):
    x=BatchNormalization()(x)
    x=Conv2D(n_channel,[2,2],padding='same',activation='relu')(x)
    x=MaxPooling2D([2,2])(x)

x=Flatten()(x)
x=Dense(2,activation='softmax')(x)
output_layer=x
model=Model(input_layer,output_layer)
model.summary()
```

输出结果为：

Layer (type)	Output Shape	Param #
input_2 (InputLayer)	(None, 128, 128, 3)	0
batch_normalization_2 (Batch	(None, 128, 128, 3)	12
batch_normalization_3 (Batch	(None, 128, 128, 3)	12
conv2d_8 (Conv2D)	(None, 128, 128, 100)	1300
max_pooling2d_8 (MaxPooling2	(None, 64, 64, 100)	0
batch_normalization_4 (Batch	(None, 64, 64, 100)	400
conv2d_9 (Conv2D)	(None, 64, 64, 100)	40100
max_pooling2d_9 (MaxPooling2	(None, 32, 32, 100)	0
batch_normalization_5 (Batch	(None, 32, 32, 100)	400
conv2d_10 (Conv2D)	(None, 32, 32, 100)	40100
max_pooling2d_10 (MaxPooling	(None, 16, 16, 100)	0
batch_normalization_6 (Batch	(None, 16, 16, 100)	400
conv2d_11 (Conv2D)	(None, 16, 16, 100)	40100
max_pooling2d_11 (MaxPooling	(None, 8, 8, 100)	0
batch_normalization_7 (Batch	(None, 8, 8, 100)	400
conv2d_12 (Conv2D)	(None, 8, 8, 100)	40100
max_pooling2d_12 (MaxPooling	(None, 4, 4, 100)	0
batch_normalization_8 (Batch	(None, 4, 4, 100)	400
conv2d_13 (Conv2D)	(None, 4, 4, 100)	40100
max_pooling2d_13 (MaxPooling	(None, 2, 2, 100)	0
batch_normalization_9 (Batch	(None, 2, 2, 100)	400
conv2d_14 (Conv2D)	(None, 2, 2, 100)	40100
max_pooling2d_14 (MaxPooling	(None, 1, 1, 100)	0
flatten_2 (Flatten)	(None, 100)	0
dense_2 (Dense)	(None, 2)	202

```
Total params: 244,526
Trainable params: 243,314
Non-trainable params: 1,212
```

进行 200 次 Epoch，模型训练的结果表明，前 10 次 Epoch 循环的精度已达到 95% 左右，这是数据增强带来的效果。具体如代码示例 5-27 所示。

代码示例 5-27：数据增强模型的编译与拟合

```
from keras.optimizers import Adam
model.compile(loss='categorical_crossentropy',optimizer=Adam(lr=0.0001),
metrics=['accuracy'])
model.fit_generator(train_generator,epochs=200,validation_data=validation_
generator)
```

输出结果为：

```
Epoch 1/200
75/75 [==============================] - 62s 832ms/step - loss: 0.1279 - acc: 0.9481 - val_loss: 0.1554 - val_acc: 0.9359
Epoch 2/200
75/75 [==============================] - 55s 739ms/step - loss: 0.1230 - acc: 0.9501 - val_loss: 0.1417 - val_acc: 0.9437
Epoch 3/200
75/75 [==============================] - 55s 732ms/step - loss: 0.1128 - acc: 0.9557 - val_loss: 0.1371 - val_acc: 0.9453
Epoch 4/200
75/75 [==============================] - 55s 736ms/step - loss: 0.1119 - acc: 0.9548 - val_loss: 0.1354 - val_acc: 0.9455
Epoch 5/200
75/75 [==============================] - 55s 738ms/step - loss: 0.1121 - acc: 0.9533 - val_loss: 0.1339 - val_acc: 0.9462
Epoch 6/200
75/75 [==============================] - 56s 743ms/step - loss: 0.1122 - acc: 0.9537 - val_loss: 0.1375 - val_acc: 0.9457
Epoch 7/200
75/75 [==============================] - 55s 734ms/step - loss: 0.1073 - acc: 0.9563 - val_loss: 0.1358 - val_acc: 0.9459
Epoch 8/200
75/75 [==============================] - 55s 736ms/step - loss: 0.1046 - acc: 0.9569 - val_loss: 0.1341 - val_acc: 0.9467
Epoch 9/200
75/75 [==============================] - 56s 741ms/step - loss: 0.1085 - acc: 0.9552 - val_loss: 0.1340 - val_acc: 0.9475
Epoch 10/200
75/75 [==============================] - 55s 737ms/step - loss: 0.1073 - acc: 0.9577 - val_loss: 0.1373 - val_acc: 0.9455
Epoch 11/200
75/75 [==============================] - 55s 738ms/step - loss: 0.1067 - acc: 0.9582 - val_loss: 0.1368 - val_acc: 0.9460
Epoch 12/200
```

课后习题

1．请给出不少于 3 个基于图像的分类问题，并简要描述 X 和 Y。

2．LeNet-5 虽然是一个非常经典的模型，但是不是意味着模型中的一些设定不能修改呢？如卷积核的数量、大小、层数等，请尝试修改，看看模型精度会有什么变化。

3．本章介绍了 3 个经典的卷积神经网络的应用案例，请任选一个数据集，以一个逻辑回归模型作为 benchmark，将其预测精度与其他 CNN 模型对比。

4．本章学习了一些经典的 CNN 神经网络，尝试把原来的一些经典卷积神经网络使用 Batch Normalization 改造，提高它的预测精度。有的经典神经网络已经考虑了 BN 技巧，那些没有考虑到的，请读者尝试一下，看看效果是变好了还是变差了。

5．思考如果不做数据加强，5.5.2 节的案例结果会怎么样？

第6章 经典卷积神经网络（下）

【学习目标】

通过本章的学习，读者可以掌握：

1. Inception 的网络结构及其代码实现；

2. ResNet 的网络结构及其代码实现；

3. DenseNet 的网络结构及其代码实现；

4. MobileNet 的网络结构及其代码实现；

5. 迁移学习的原理与应用技巧。

【导言】

承接第 5 章的内容，本章继续介绍 4 个经典的卷积神经网络结构及其实际应用，它们分别是 Inception、ResNet、DenseNet 和 MobileNet。

Inception 网络结构由 Google 团队在 2014 年提出，一共开发了 4 个版本，从 V1 到 V4，其中 Inception V3 是这个大家族中比较有代表性的一个版本。ResNet 是由微软研究院的何恺明等 4 名华人于 2015 年提出，该模型最具创新的一点就是提出了残差学习模块。DenseNet 和 MobileNet 都是于 2017 年提出的比较新的模型结构，其中 DenseNet 提出了 Dense Block 的概念，MobileNet 提出了深度可分离卷积的概念。

和第 5 章一样，本章为每一个网络结构配备了一个实际案例讲解代码实现。由于本章涉及的模型非常复杂，因此为了教学演示，本书仅编写简化版本的模型代码供读者学习和参考。最后，本章还会介绍深度学习另一个非常重要的技巧：迁移学习。本章结束后，读者基本可以入门深度学习，因为此时已经掌握了当今比较流行的深度学习模型，并能够简单地实现。

6.1 Inception

Inception 网络结构由 Google 团队提出，因此也被称为 GoogLeNet。该模型一共有 4 个版本，从 V1 到 V4。其中 Inception V1 是 2014 年由克里斯汀·塞格德（Christian Szegedy）提出并获得了当年 ImageNet 的冠军[①]。

6.1.1 Inception 网络结构

第 5 章介绍的 AlexNet、VGG 等网络结构都是通过增加网络的深度（层数）来获得更好的训练效果；Inception V1 则通过增加网络的宽度（通道数）来提升训练效果。在 Inception V1 的基础上，Google 团队又从神经网络训练性能的角度出发，不断改善网络结构，陆续提出 Inception V2、Inception V3 和 Inception V4。下面重点介绍 Inception V1 的结构。

1. Inception 模块

Inception V1 就是由多个图 6.1 所示的 Inception 基础模块串联起来的。Inception V1 的贡献主要有两个。

（1）在多个不同尺寸的卷积核上同时进行卷积再聚合。图 6.1 中的（a）、（b）、（c）模块就是在同一层上分别使用了 1×1、3×3 和 5×5 3 个不同的卷积。

（2）使用 1×1 的卷积来降维。图 6.1 中的（1）、（2）、（3）模块都是在 3×3 和 5×5 卷积之前先使用 1×1 卷积，在 3×3 的最大值池化之后也使用了 1×1 卷积。

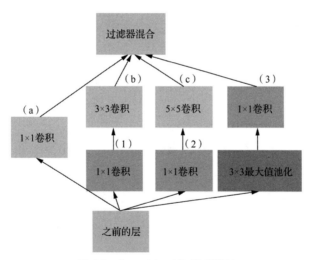

图 6.1　Inception V1 基础模块

2. Inception 的两个创新点

Inception 相较于之前的卷积方式有以下两个创新点。

（1）Inception V1 使用多个不同尺寸的卷积核。通过图 6.2 所示的新旧方法的对比，可以

---

① Szegedy, C. , Liu, W. , Jia, Y. , Sermanet, P. , Reed, S. , & Anguelov, D. , et al. (2015). Going Deeper with Convolutions. 2015 IEEE Conference on Computer Vision and Pattern Recognition (CVPR). IEEE.

清晰地看到，在之前的神经网络训练中，对上一层的输入通常使用多个相同尺寸的卷积核进行操作，而在 Inception V1 中，对上一层的输入使用多个不同尺寸的卷积核进行操作。学者们对这种操作的优点给出了多种解释，其中比较直观通俗的一种解释是，叠加不同尺寸的卷积核，可以从细节上提取更丰富的特征。

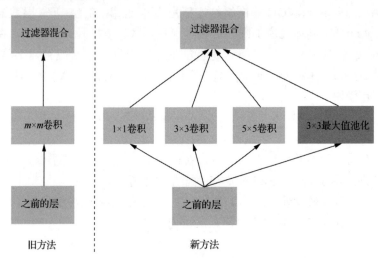

图 6.2　Inception V1 和之前卷积方式的区别

（2）使用大量1×1的卷积核。通过图 6.3 所示的新旧方法的对比可以看到，在3×3、5×5卷积核之前，以及在最大值池化之后，都增加了1×1的卷积。在实际操作中，每次使用通道数较少的1×1卷积，可以大幅降低参数个数，从而实现降维。

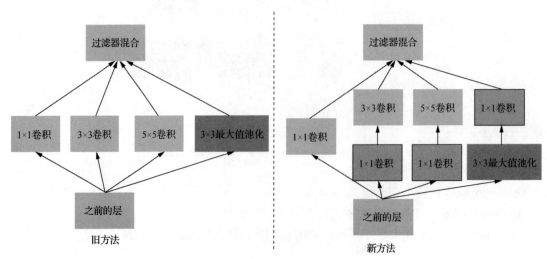

图 6.3　新增的 1×1 卷积（实框部分）

为了更清晰地说明这一点，下面来举个例子。如图 6.4 所示，假设上一层的输出结果是 $32 \times 32 \times 192$，中间经过具有 256 通道的 3×3 的 same 卷积之后，输出结果为 $32 \times 32 \times 256$。两种方法消耗的参数个数分别如下。

（1）旧方法消耗的参数个数。如果不考虑截距项，参数个数就变为 $192 \times 3 \times 3 \times 256 = 442\ 368$。

（2）新方法消耗的参数个数。此时在原始的 $32 \times 32 \times 192$ 的输入上，先经过具有 96 个通道的 1×1 卷积层，消耗的参数个数为 $192 \times 1 \times 1 \times 96 = 18\ 432$；再经过具有 256 个通道的 3×3 卷积层，消耗的参数个数为 $96 \times 3 \times 3 \times 256 = 221\ 184$，最后输出的数据仍然为 $32 \times 32 \times 256$，此时需要的参数总个数为 $239\ 616$。

可以看到，整体的参数相比之前大约减少了一半，这里参数减少主要归功于使用了通道数较少的 1×1 卷积核。

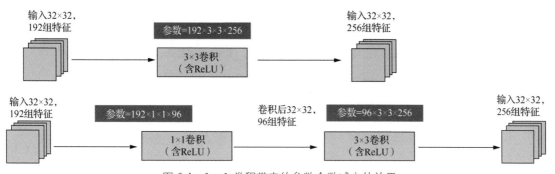

图 6.4 1×1 卷积带来的参数个数减少的效果

3. Inception V1 完整的网络结构

Inception V1 完整的网络结构如图 6.5 所示。整个网络结构是比较庞大的，它一共有 22 层，各层如下。

输入层。原始输入图像为 $224 \times 224 \times 3$。

第 1 层（卷积层）。使用 7×7 的卷积核（滑动步长为 2）进行 same 卷积，64 通道，输出为 $112 \times 112 \times 64$；然后经过 3×3 的最大值池化（步长为 2），输出尺寸为 $112 \div 2 = 56$，即 $56 \times 56 \times 64$；在进行局部响应归一（即某种标准化）后，进入第 2 个卷积层。

第 2 层（卷积层）。使用 3×3 的卷积核（滑动步长为 1）进行 same 卷积，192 通道，输出为 $56 \times 56 \times 192$；然后经过 3×3 的最大值池化（步长为 2），输出尺寸为 $56 \div 2 = 28$，即 $28 \times 28 \times 192$；接下来进入 Inception 模块。

第 3 层（Inception 3a 层）。有 4 个分支，采用不同尺寸的卷积核进行处理。

（1）64 个 1×1 的卷积核，输出为 $28 \times 28 \times 64$。

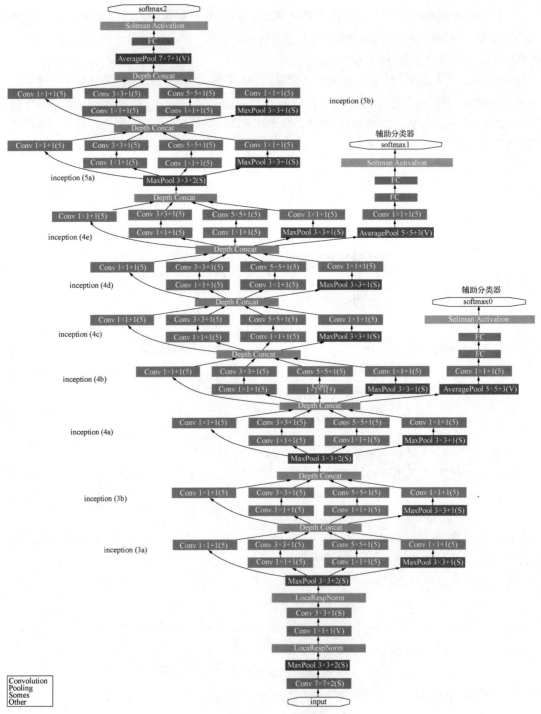

图 6.5　Inception V1 完整的网络结构

（2）96 个1×1的卷积核，作为3×3卷积核之前的降维，变成28×28×96；然后进行 128 个3×3的卷积，输出为28×28×128。

（3）16 个1×1的卷积核，作为5×5卷积核之前的降维，变成28×28×16；再进行 32 个5×5 的卷积，输出为28×28×32。

（4）最大值池化层，使用3×3的最大值池化，输出为28×28×192；然后进行 32 个1×1的 卷积，输出为28×28×32；最后将 4 个结果并联，总的通道数为64+128+32+32=256，因此 最终输出为28×28×256。

第 3 层（Inception 3b 层）。

（1）128 个1×1的卷积核，输出为28×28×128。

（2）128 个1×1的卷积核，作为3×3卷积核之前的降维，变成28×28×128；再进行 192 个3×3的卷积，输出为28×28×192。

（3）32 个1×1的卷积核，作为5×5卷积核之前的降维，变成28×28×32；再进行 96 个5×5 的卷积，输出为28×28×96。

（4）最大值池化层，使用3×3的最大值池化，输出为28×28×256；然后进行 64 个1×1的 卷积，输出为28×28×64；最后将 4 个结果并联，总的通道数为128+192+96+64=480，因 此最终输出为28×28×480。

第 4 层（4a、4b、4c、4d、4e）、第五层（5a、5b）……，与第 3 层的 3a、3b 类似。

6.1.2 案例：花的分类

下面通过花的分类数据来展示如何实现 Inception V1。该数据集为公开数据集，包含了 17 种不同花的类别。

1. 数据准备与处理

作为案例展示，选取其中的部分数据，通过对原始样本数据集进行随机分类，得到用于本 案例的训练集共有 952 张图像，验证集共有 408 张图像。首先通过 ImageDataGenerator()读入 数据，具体如代码示例 6-1 所示。

代码示例 6-1：读入数据

```
from keras.preprocessing.image import ImageDataGenerator

IMSIZE=224

train_generator = ImageDataGenerator(rescale=1./255).flow_from_directory(
    './data_incp/train/',
    target_size=(IMSIZE, IMSIZE),
    batch_size=100,
```

```
    class_mode='categorical')

validation_generator = ImageDataGenerator(rescale=1./255).flow_from_directory(
    './data_incp/test',
    target_size=(IMSIZE, IMSIZE),
    batch_size=100,
    class_mode='categorical')
```

展示训练集的前 10 张图像，具体如代码示例 6-2 所示。

代码示例 6-2：展示图像

```
from matplotlib import pyplot as plt

plt.figure()
fig,ax = plt.subplots(2,5)
fig.set_figheight(7)
fig.set_figwidth(15)
ax=ax.flatten()
X,Y=next(train_generator)
for i in range(10): ax[i].imshow(X[i,:,:,:])
```

输出结果为：

2．Inception V1 代码实现

编写 Inception V1 的代码，代码结构和之前模型的基本一致。值得注意的是，这里需要导入 concatenate 函数，该函数用于实现同一层中不同尺寸卷积核的并联操作。输入图像的尺寸仍然是 224 像素×224 像素×3。按照 Inception V1 的完整结构，依次构造 Inception V1 的各层，

具体如代码示例 6-3 所示。

代码示例 6-3：Inception V1 代码实现

```python
from keras.layers import Conv2D, BatchNormalization, MaxPooling2D
from keras.layers import Flatten, Dropout, Dense, Input, concatenate
from keras import Model

input_layer = Input([IMSIZE,IMSIZE,3])
x = input_layer

x = Conv2D(64,(7,7),strides=(2,2),padding='same',activation='relu')(x)
x = BatchNormalization(axis=3)(x)
x = MaxPooling2D(pool_size=(3,3),strides=(2,2),padding='same')(x)

x = Conv2D(192,(3,3),strides=(1,1),padding='same',activation='relu')(x)
x = BatchNormalization(axis=3)(x) #para=4*192=768
x = MaxPooling2D(pool_size=(3,3),strides=(2,2),padding='same')(x)

for i in range(9):
    branch1x1 = Conv2D(64,(1,1),strides=(1,1),padding='same',activation=
    'relu')(x)
    branch1x1 = BatchNormalization(axis=3)(branch1x1)
    branch3x3 = Conv2D(96,(1,1),strides=(1,1),padding='same',activation=
    'relu')(x)
    branch3x3 = BatchNormalization(axis=3)(branch3x3)
    branch3x3 = Conv2D(128,(3,3),strides=(1,1),padding='same',activation=
    'relu')(branch3x3)
    branch3x3 = BatchNormalization(axis=3)(branch3x3)
    branch5x5 = Conv2D(16,(1,1),strides=(1,1),padding='same',activation=
    'relu')(x)
    branch5x5 = BatchNormalization(axis=3)(branch5x5)
    branch5x5 = Conv2D(32,(5,5),strides=(1,1),padding='same',activation='relu')
    (branch5x5)
    branch5x5 = BatchNormalization(axis=3)(branch5x5)
    branchpool = MaxPooling2D(pool_size=(3,3),strides=(1,1),padding='same')(x)
    branchpool = Conv2D(32,(1,1),strides=(1,1),padding='same',activation=
    'relu')(branchpool)
    branchpool = BatchNormalization(axis=3)(branchpool)
    x = concatenate([branch1x1,branch3x3,branch5x5,branchpool],axis=3)
    x = MaxPooling2D(pool_size=(3,3),strides=(2,2),padding='same')(x)

x = Dropout(0.4)(x)
x = Flatten()(x)
x = Dense(17,activation='softmax')(x)
```

```
output_layer=x
model=Model(input_layer,output_layer)
model.summary()
```

使用 model.summary() 查看模型结构和参数概要。由于层数过多，这里只展示最开始的部分结构，如图 6.6 所示。

Layer (type)	Output Shape	Param #	Connected to
input_2 (InputLayer)	(None, 224, 224, 3)	0	
conv2d_57 (Conv2D)	(None, 112, 112, 64)	9472	input_2[0][0]
batch_normalization_57 (BatchNo	(None, 112, 112, 64)	256	conv2d_57[0][0]
max_pooling2d_21 (MaxPooling2D)	(None, 56, 56, 64)	0	batch_normalization_57[0][0]
conv2d_58 (Conv2D)	(None, 56, 56, 192)	110784	max_pooling2d_21[0][0]
batch_normalization_58 (BatchNo	(None, 56, 56, 192)	768	conv2d_58[0][0]
max_pooling2d_22 (MaxPooling2D)	(None, 28, 28, 192)	0	batch_normalization_58[0][0]
conv2d_60 (Conv2D)	(None, 28, 28, 96)	18528	max_pooling2d_22[0][0]

图 6.6　Inception V1 模型概要表

课堂思考

你能够对照图 6.6 的模型概要表计算出 Inception V1 每层需要训练的参数个数吗？

3．Inception V1 编译运行

将构造的简化版的 Inception V1 模型应用到花的分类数据上，可以看到，训练集的准确率达到了 93.84%，验证集的准确率提高到了 48.53%。具体如代码示例 6-4 所示，输出如图 6.7 所示。

代码示例 6-4：Inception V1 模型编译与拟合

```
from keras.optimizers import Adam
model.compile(loss='categorical_crossentropy', optimizer=Adam(lr=0.001),
metrics=['accuracy'])
model.fit_generator(train_generator,epochs=20,validation_data=validation_
generator)
```

输出结果为：

```
Epoch 1/20
10/10 [==============================] - 15s 1s/step - loss: 3.9327 - acc: 0.0499 - val_loss: 5.5232 - val_acc: 0.0613
Epoch 2/20
10/10 [==============================] - 3s 294ms/step - loss: 3.5016 - acc: 0.1187 - val_loss: 7.1849 - val_acc: 0.0882
Epoch 3/20
10/10 [==============================] - 3s 329ms/step - loss: 3.0862 - acc: 0.1648 - val_loss: 8.6394 - val_acc: 0.0809
Epoch 4/20
10/10 [==============================] - 3s 347ms/step - loss: 2.6561 - acc: 0.2314 - val_loss: 10.2452 - val_acc: 0.0907
Epoch 5/20
10/10 [==============================] - 3s 331ms/step - loss: 2.4108 - acc: 0.2788 - val_loss: 8.9433 - val_acc: 0.0980
Epoch 6/20
10/10 [==============================] - 4s 356ms/step - loss: 2.0467 - acc: 0.3647 - val_loss: 6.4456 - val_acc: 0.1593
Epoch 7/20
10/10 [==============================] - 4s 351ms/step - loss: 1.7387 - acc: 0.4452 - val_loss: 6.3859 - val_acc: 0.1446
Epoch 8/20
10/10 [==============================] - 3s 348ms/step - loss: 1.5493 - acc: 0.5028 - val_loss: 5.4671 - val_acc: 0.2059
Epoch 9/20
10/10 [==============================] - 4s 354ms/step - loss: 1.3673 - acc: 0.5316 - val_loss: 5.5319 - val_acc: 0.2132
Epoch 10/20
10/10 [==============================] - 3s 333ms/step - loss: 1.0962 - acc: 0.6415 - val_loss: 4.6930 - val_acc: 0.2623
Epoch 11/20
10/10 [==============================] - 4s 350ms/step - loss: 0.9661 - acc: 0.6870 - val_loss: 4.3933 - val_acc: 0.3162
Epoch 12/20
10/10 [==============================] - 3s 342ms/step - loss: 0.7762 - acc: 0.7569 - val_loss: 4.5305 - val_acc: 0.3088
Epoch 13/20
10/10 [==============================] - 3s 350ms/step - loss: 0.6023 - acc: 0.8101 - val_loss: 3.9272 - val_acc: 0.3431
Epoch 14/20
10/10 [==============================] - 3s 330ms/step - loss: 0.5423 - acc: 0.8203 - val_loss: 3.4937 - val_acc: 0.3897
Epoch 15/20
10/10 [==============================] - 3s 328ms/step - loss: 0.3840 - acc: 0.8784 - val_loss: 3.6174 - val_acc: 0.3946
Epoch 16/20
10/10 [==============================] - 3s 338ms/step - loss: 0.3868 - acc: 0.8781 - val_loss: 3.0238 - val_acc: 0.4485
Epoch 17/20
10/10 [==============================] - 3s 344ms/step - loss: 0.3547 - acc: 0.8861 - val_loss: 3.1737 - val_acc: 0.4363
Epoch 18/20
10/10 [==============================] - 4s 353ms/step - loss: 0.2760 - acc: 0.9054 - val_loss: 2.8368 - val_acc: 0.4510
Epoch 19/20
10/10 [==============================] - 3s 346ms/step - loss: 0.2576 - acc: 0.9178 - val_loss: 2.7349 - val_acc: 0.4583
Epoch 20/20
10/10 [==============================] - 3s 326ms/step - loss: 0.2117 - acc: 0.9384 - val_loss: 2.6844 - val_acc: 0.4853
```

图 6.7　Inception V1 模型训练结果

最后总结一下，Inception V1 通过增加网络的宽度来提升训练效果，主要有两个创新点，一是使用不同尺寸的卷积核来提炼更多丰富的细节，二是大量使用小卷积核来达到降维的目的。

6.2　ResNet

ResNet（Residual Neural Network）是由微软研究院何恺明等人提出的，该算法获得了 2015 年大规模视觉识别挑战赛的冠军[①]。不仅如此，在 ImageNet Detection、ImageNet Localization、COCO Detection 等多项竞赛中，该模型也都获得过冠军。截止到本书写作为止，提出 ResNet 的文章已有约两万次的引用。有评价说，ResNet 是过去几年中计算机视觉和深度学习领域最具开创性的工作，影响了这之后深度学习在学术界和工业界的发展方向。

[①] He, K., Zhang, X., Ren, S., & Sun, J. (2015). Deep residual learning for image recognition.

6.2.1 ResNet 网络结构

在讲解 ResNet 网络结构之前，先介绍 ResNet 中的重要结构——残差学习模块。

1. ResNet 的残差学习模块

ResNet 声名鹊起的一个很重要的原因是，它提出了残差学习的思想。图 6.8 为 ResNet 的一个残差学习模块，该模块包含多个卷积层，多个卷积层对这个残差学习模块的输入数据 X 进行 $f(X)$ 的变化，同时原始输入信息跳过多个卷积层直接传导到后面的层中，最终将 $f(X)+X$ 的整体作为输入，并用激活函数激活，从而得到这个残差学习模块的输出结果。所以 $f(X)$ 本质上是输出结果和输入结果之间的差值，即残差。ResNet 学习的就是 $f(X)$，因此 ResNet 又叫作残差网络。

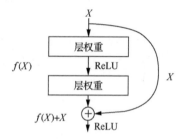

图 6.8 原论文中对残差学习模块的图解

2. 残差学习模块的优势

传统的卷积神经网络或者全连接网络，在信息传递时，或多或少会存在信息丢失、损耗等问题，同时还会导致梯度消失或梯度爆炸，使得很深的网络无法训练。ResNet 通过提出残差学习的思想，在一定程度上解决了这个问题。通过将输入信息 X "绕道"传导到输出，极大保护了信息的完整性，整个网络只需要学习输入、输出和残差部分，即 $f(X)$，就能简化学习的目标和难度。

以图 6.9 为例，最左边是 19 层的 VGG，中间是 34 层的普通神经网络，最右边是 34 层的 ResNet。将三者对比发现，ResNet 与其他两个网络结构最大的区别是有很多的旁路将输入直接连接到后面的层，这种结构也被称为 shortcuts，每一个 shortcuts 连线中间包含的是一个残差学习模块。

3. ResNet 中常用的残差学习模块

图 6.10 所示为 ResNet 网络结构中常用的两种残差学习模块，左边是由两个 3×3 卷积网络串联在一起作为一个残差学习模块，右边是以 1×1、3×3、1×1 3 个卷积网络串联在一起作为一个残差学习模块。ResNet 大都是以这两种学习模块堆叠在一起实现的。比较常见的 ResNet 有 50 层、101 层和 152 层。表 6.1 列出了 ResNet 不同层数的网络结构。

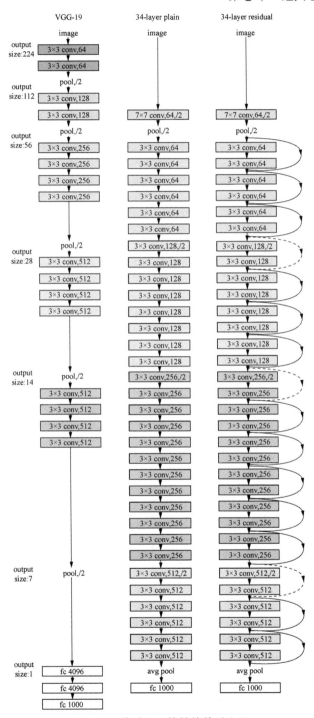

图 6.9　3 种神经网络结构的对比图

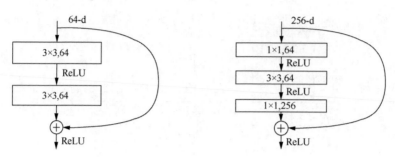

图 6.10　两种残差学习模块

表 6.1　原论文中不同层数的 ResNet 结构

layer name	output size	18-layer	34-layer	50-layer	101-layer	152-layer
conv1	112×112	\multicolumn{5}{c|}{7×7,64,stride2}				
conv2_x	56×56	\multicolumn{5}{c|}{3×3max pool,stride2}				
conv2_x	56×56	$\begin{bmatrix}3\times3,64\\3\times3,64\end{bmatrix}\times2$	$\begin{bmatrix}3\times3,64\\3\times3,64\end{bmatrix}\times3$	$\begin{bmatrix}1\times1,64\\3\times3,64\\1\times1,256\end{bmatrix}\times3$	$\begin{bmatrix}1\times1,64\\3\times3,64\\1\times1,256\end{bmatrix}\times3$	$\begin{bmatrix}1\times1,64\\3\times3,64\\1\times1,256\end{bmatrix}\times3$
conv3_x	28×28	$\begin{bmatrix}3\times3,128\\3\times3,128\end{bmatrix}\times2$	$\begin{bmatrix}3\times3,128\\3\times3,128\end{bmatrix}\times4$	$\begin{bmatrix}1\times1,128\\3\times3,128\\1\times1,512\end{bmatrix}\times4$	$\begin{bmatrix}1\times1,128\\3\times3,128\\1\times1,512\end{bmatrix}\times4$	$\begin{bmatrix}1\times1,128\\3\times3,128\\1\times1,512\end{bmatrix}\times8$
conv4_x	14×14	$\begin{bmatrix}3\times3,256\\3\times3,256\end{bmatrix}\times2$	$\begin{bmatrix}3\times3,256\\3\times3,256\end{bmatrix}\times6$	$\begin{bmatrix}1\times1,256\\3\times3,256\\1\times1,1024\end{bmatrix}\times6$	$\begin{bmatrix}1\times1,256\\3\times3,256\\1\times1,1024\end{bmatrix}\times23$	$\begin{bmatrix}1\times1,256\\3\times3,256\\1\times1,1024\end{bmatrix}\times36$
conv5_x	7×7	$\begin{bmatrix}3\times3,512\\3\times3,512\end{bmatrix}\times2$	$\begin{bmatrix}3\times3,512\\3\times3,512\end{bmatrix}\times3$	$\begin{bmatrix}1\times1,512\\3\times3,512\\1\times1,2048\end{bmatrix}\times3$	$\begin{bmatrix}1\times1,512\\3\times3,512\\1\times1,2048\end{bmatrix}\times3$	$\begin{bmatrix}1\times1,512\\3\times3,512\\1\times1,2048\end{bmatrix}\times3$
	1×1	\multicolumn{5}{c|}{average pool,1000-d fc,softmax}				
FLOPs		1.8×10^9	3.6×10^9	3.8×10^9	7.6×10^9	11.3×10^9

4．ResNet 网络结构详解

下面以 34 层的 ResNet 为例，对照表 6.1，详解其网络结构。

（1）conv1 层。该层使用 64 个 7×7 的卷积核，步长为 2，将 224×224 大小的彩色图像降维到112×112。

（2）conv2_x 层。首先进行 3×3 的最大值池化，步长为 2，将维度进一步降低为 56×56；然后是 3 个残差学习模块，每一个模块都由两个卷积层组成，卷积核大小为 3×3，64 个通道。

（3）conv3_x 层。由 4 个残差学习模块组成。由于 conv2_3 的输出结果是 56×56，因此在 conv3_1 的某一卷积层，需要将步长调整为 2，从而将 conv3_4 的输出维度降低到 28×28。

（4）conv4_x 层。由 6 个残差学习模块组成。同理，在 conv4_1 中的某一卷积层需要将步长调整为 2，从而将 conv4_6 的输出维度降低到14×14。

（5）conv5_x 层。由 3 个残差学习模块组成。同理，在 conv5_1 将步长调整为 2，最后输出 7×7 维的图像。

（6）最后是一个全连接层，输出到 1 000 分类。

6.2.2　案例：花的三分类问题

1．数据准备与处理

本节将通过花的三分类问题来演示 ResNet 的代码实现。数据集分别存放在 train 和 validation 两个文件夹中。首先使用 ImageDataGenerator 将数据读入并展示其中的 10 张图像，具体如代码示例 6-5 所示。

代码示例 6-5：读入数据并展示图像

```python
from matplotlib import pyplot as plt
from keras.preprocessing.image import ImageDataGenerator

IMSIZE=224
train_generator = ImageDataGenerator(rescale=1./255).flow_from_directory(
    'data_res/train',
    target_size=(IMSIZE, IMSIZE),
    batch_size=100,
    class_mode='categorical')

validation_generator = ImageDataGenerator(rescale=1./255).flow_from_directory(
    './data_res/validation',
    target_size=(IMSIZE, IMSIZE),
    batch_size=100,
    class_mode='categorical')

plt.figure()
fig,ax = plt.subplots(2,5)
fig.set_figheight(7)
fig.set_figwidth(15)
```

```
ax=ax.flatten()

X,Y=next(train_generator)
for i in range(10): ax[i].imshow(X[i,:,:,:])
```

输出结果为：

2. ResNet 代码实现

首先构建残差学习模块之前的网络结构，具体如代码示例 6-6 所示。

代码示例 6-6：构建残差学习模块之前的网络结构

扫一扫

ResNet 代码实现

```
from keras.layers import Input
from keras.layers import Activation, Conv2D, BatchNormalization,
add, MaxPooling2D

NB_CLASS=3
IM_WIDTH=224
IM_HEIGHT=224
inpt = Input(shape=(IM_WIDTH, IM_HEIGHT, 3))
x = Conv2D(64, (7,7), padding='same', strides=(2,2), activation='relu')(inpt)
x = BatchNormalization()(x)
x = MaxPooling2D(pool_size=(3, 3), strides=(2, 2), padding='same')(x)
x0 = x
```

其中 Conv2D 函数设置第 1 个卷积层，采取 64 个 7×7 的卷积核进行 same 卷积，步长为 2，激活函数选择 ReLU，接下来是 BN 层，然后是池化层，采取 3×3 的卷积核进行 same 池化，步长为 2。x0 = x 表示把当前的 x 储存下来，之后调用原始输入信息时，可以使用 x0。

接下来进入第 1 个残差学习模块，这里将 1×1、3×3、1×1 3 个卷积网络串联在一起作为一个残差学习模块，参数和层数的设置如代码示例 6-7 所示。

代码示例 6-7：残差学习模块代码

```
# 一个 block
x = Conv2D(64, (1,1), padding='same', strides=(1,1), activation='relu')(x)
x = BatchNormalization()(x)
x = Conv2D(64, (3,3), padding='same', strides=(1,1), activation='relu')(x)
x = BatchNormalization()(x)
x = Conv2D(256, (1,1), padding='same', strides=(1,1), activation=None)(x)
x = BatchNormalization()(x)

# 下面两步为了把输入 64 通道的数据转换为 256 个通道，用来让 x0 和 x 维数相同，可以进行加法计算
x0 = Conv2D(256,(1,1),padding='same',strides=(1,1),activation='relu')(x0)
x0 = BatchNormalization()(x0)
x = add([x,x0])                # add 把输入的 x 和经过一个 block 之后输出的结果加在一起
x = Activation('relu')(x)      #求和之后的结果再做一次 relu
x0 = x
```

需要注意的是，ResNet 的每一个残差学习模块，最后一个卷积层没有激活函数，即 activation=None。由于最后一层的输出通道是 256，但 x0 是 64 通道，二者维度不一样，无法直接相加，因此需要先将它们的维度统一。于是使用 256 个大小为 1×1 的卷积核对 x0 进行卷积，之后使用 add 函数完成加法运算，即 x = add([x, x0])，求和之后的结果再做一次 ReLU 变换，这样就完成了第 1 个残差学习模块的代码编写。在进入下一个残差学习模块之前，仍然需要将输出的 x 存入 x0 当中，即 x0 = x。

作为教学展示，我们构建一个包含 3 个残差学习模块的 ResNet，第 2 个、第 3 个残差学习模块和第 1 个非常类似，此处不再赘述。

课堂思考

依照代码示例 6-7，把第 2 个和第 3 个残差学习模块完成，从而构建一个完整的 ResNet 模型结构。

至此，ResNet 的网络搭建完成，可以用 model.summary 查看模型参数报表。由于层数太多，无法展示全部，这里仅展示部分结果，具体如代码示例 6-8 所示。

代码示例 6-8：ResNet 主体部分模型结构展示

```
from keras.models import Model
model = Model(inputs=inpt,outputs=x)
model.summary()
```

输出结果为：

Layer (type)	Output Shape	Param #	Connected to
input_1 (InputLayer)	(None, 224, 224, 3)	0	
conv2d_1 (Conv2D)	(None, 112, 112, 64)	9472	input_1[0][0]
batch_normalization_1 (BatchNor	(None, 112, 112, 64)	256	conv2d_1[0][0]
max_pooling2d_1 (MaxPooling2D)	(None, 56, 56, 64)	0	batch_normalization_1[0][0]
conv2d_2 (Conv2D)	(None, 56, 56, 64)	4160	max_pooling2d_1[0][0]
batch_normalization_2 (BatchNor	(None, 56, 56, 64)	256	conv2d_2[0][0]
conv2d_3 (Conv2D)	(None, 56, 56, 64)	36928	batch_normalization_2[0][0]
batch_normalization_3 (BatchNor	(None, 56, 56, 64)	256	conv2d_3[0][0]
conv2d_4 (Conv2D)	(None, 56, 56, 256)	16640	batch_normalization_3[0][0]
conv2d_5 (Conv2D)	(None, 56, 56, 256)	16640	max_pooling2d_1[0][0]
batch_normalization_4 (BatchNor	(None, 56, 56, 256)	1024	conv2d_4[0][0]
batch_normalization_5 (BatchNor	(None, 56, 56, 256)	1024	conv2d_5[0][0]
add_1 (Add)	(None, 56, 56, 256)	0	batch_normalization_4[0][0] batch_normalization_5[0][0]
activation_1 (Activation)	(None, 56, 56, 256)	0	add_1[0][0]
conv2d_6 (Conv2D)	(None, 28, 28, 64)	16448	activation_1[0][0]
batch_normalization_6 (BatchNor	(None, 28, 28, 64)	256	conv2d_6[0][0]
conv2d_7 (Conv2D)	(None, 28, 28, 64)	36928	batch_normalization_6[0][0]
batch_normalization_7 (BatchNor	(None, 28, 28, 64)	256	conv2d_7[0][0]

例如，输入层是 $224 \times 224 \times 3$，进行 64 个大小为 7×7 的卷积操作，一个卷积核消耗 $7 \times 7 \times 3 + 1 = 148$ 个参数，一共调用 64 个卷积核，因此总共消耗 $148 \times 64 = 9\,472$ 个参数。下面每一层的计算都是类似的，读者可以自己计算并与代码示例 6-8 输出的模型概要表中的数字进行对比。

ResNet 模型的构建还没有结束，所有以上的层全部做完之后，最后的输出要通过 flatten() 函数拉直，然后连接一个全连接层，输出到 3 个节点，这一层的输出才是 ResNet 最后的输出。具体如代码示例 6-9 所示。

代码示例 6-9：添加全连接层

```
from keras.layers import Dense, Flatten
```

```
x = model.output
x = Flatten()(x)
predictions = Dense(NB_CLASS,activation='softmax')(x)
model_res = Model(inputs=model.input,outputs=predictions)
```

3．ResNet 编译运行

最后编译运行模型，设定损失函数为 categorical_crossentropy，在整个拟合过程中监控拟合精度，因此 metrics=['accuracy']。接着做 50 次 Epoch 循环。可以看到，在验证数据集上的精度可以超过 80%。具体如代码示例 6-10 所示。

代码示例 6-10：ResNet 模型编译与拟合

```
from keras.optimizers import Adam
model_res.compile(loss='categorical_crossentropy',optimizer=Adam(lr=0.001),
metrics=['accuracy'])

model_res.fit_generator(
    train_generator,
    steps_per_epoch=100,
    epochs=50,
    validation_data=validation_generator,
    validation_steps=100)
```

输出结果为：

```
Epoch 45/50
100/100 [==============================] - 117s 1s/step - loss: 0.0446 - acc: 0.9876 - val_loss: 0.7866 - val
_acc: 0.8747
Epoch 46/50
100/100 [==============================] - 118s 1s/step - loss: 0.0507 - acc: 0.9857 - val_loss: 0.6394 - val
_acc: 0.9053
Epoch 47/50
100/100 [==============================] - 119s 1s/step - loss: 0.0262 - acc: 0.9919 - val_loss: 0.8546 - val
_acc: 0.8719
Epoch 48/50
100/100 [==============================] - 119s 1s/step - loss: 0.0220 - acc: 0.9926 - val_loss: 0.6751 - val
_acc: 0.9081
Epoch 49/50
100/100 [==============================] - 120s 1s/step - loss: 0.0225 - acc: 0.9931 - val_loss: 0.9818 - val
_acc: 0.8774
Epoch 50/50
100/100 [==============================] - 122s 1s/step - loss: 0.0224 - acc: 0.9925 - val_loss: 0.8200 - val
_acc: 0.8774
```

最后总结一下，ResNet 最大的创新点是提出了残差学习的思想，这在一定程度上解决了梯度消失或梯度爆炸问题。ResNet 将输入信息"绕道"传导到输出，极大地保护了信息的完整性。整个网络只需要学习输入、输出和残差部分，就可以简化学习的目标和难度。

6.3　DenseNet

DenseNet 是最近几年才被提出的模型，提出 DenseNet 的论文获得了 2017 年国际视觉与模式识别会议（Conference on Computer Vision and Pattern Recognition，CVPR）最佳论文[1]。该模型虽然借鉴了 ResNet 的思想，却是全新的网络结构，它的结构并不复杂，但是非常有效，并且在各类指标上都超越了 ResNet。因此 DenseNet 可以说是汲取了 ResNet 的精华，并做出了创新，使得网络性能进一步提升。

6.3.1　DenseNet 网络结构

在介绍 DenseNet 网络结构前，首先介绍它的核心组件：Dense Block。

1．DenseNet 的核心：Dense Block

DenseNet 的一个核心就是在网络中使用了大量图 6.11 所示的 Dense Block，它是一种具有紧密连接性质的卷积神经网络，该神经网络中的任何两层都有直接连接，即网络中每一层的输入都是前面所有层输出的并集，而这一层学习到的特征也会被直接传递到后面的所有层作为输入。这种紧密连接仅仅存在于同一个 Dense Block 中，不同的 Dense Block 是没有这种紧密连接的。DenseNet 最重要的贡献就是这种紧密连接的卷积神经网络，具体体现在以下 4 个方面。

（1）缓解了梯度消失的问题。

（2）加强了特征的传播，鼓励特征的重复利用。

（3）极大地减少了参数的个数。

（4）具有正则化的效果，即使在较少的训练集上，也可以减少过拟合的现象。

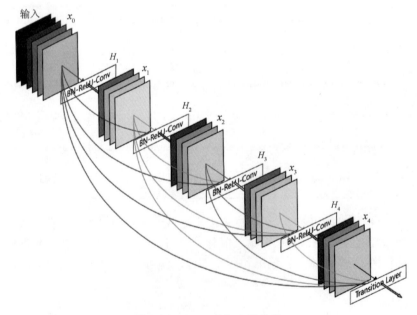

图 6.11　Dense Block 的结构

---

① Huang, G. , Liu, Z. , Maaten, L. V. D. , & Weinberger, K. Q.. (2017). Densely Connected Convolutional Networks. CVPR. IEEE Computer Society.

2．DenseNet 的网络结构

下面以图 6.12 所示的全网络图为例，介绍 DenseNet 的网络结构。

（1）输入：一张彩色图像。

（2）卷积层。

（3）第 1 个 Dense Block。这个 Block 中有 n 个 Dense Layer，用灰色的圆圈表示，每个 Dense Layer 都是紧密连接的。

（4）经过一个 Transition Block，它由一个卷积层和一个池化层组成。

（5）第 2 个 Dense Block 和 Transition Block。

（6）第 3 个 Dense Block。

（7）接下来是 Classification Block，由一个池化层和一个线性层组成。

（8）最后通过 Softmax 激活函数得到最终的预测结果。

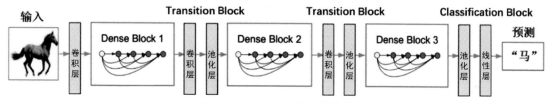

图 6.12　DenseNet 的网络结构

如果把上述过程列在一个表格中，就会得到表 6.2 所示的网络结构图表。DenseNet 论文的作者在不同的数据集上采用了不同数量的 Dense Block 进行测试。这里列出 4 个不同的 Dense Block 设置，下面以 DenseNet-121 为例进行说明。

DenseNet-121 是一个 121 层的网络，经过第 1 个 Transition Block 之后到达了第 1 个 Dense Block，在该 Block 中首先经过一个 1×1 的卷积，然后是 3×3 的卷积，重复 6 次这个过程，也就是说，此处共有 12 层；再经过一个 Transition Block 之后，进入下一个 Dense Block，该 Block 中先经过一个 1×1 的卷积，然后是一个 3×3 的卷积，重复这个过程 12 次，也就是 24 层。以此类推，一共得到 121 层。

表 6.2　论文中对不同 DenseNet 网络结构的总结

Layers	Output Size	DenseNet-121	DenseNet-169	DenseNet-201	DenseNet-264
Convolution	112×112	7×7conv,stride2			
Pooling	56×56	3×3max pool,stride2			
Dense Block(1)	56×56	$\begin{bmatrix}1\times1\text{conv}\\3\times3\text{conv}\end{bmatrix}\times6$	$\begin{bmatrix}1\times1\text{conv}\\3\times3\text{conv}\end{bmatrix}\times6$	$\begin{bmatrix}1\times1\text{conv}\\3\times3\text{conv}\end{bmatrix}\times6$	$\begin{bmatrix}1\times1\text{conv}\\3\times3\text{conv}\end{bmatrix}\times6$
Transition Layer(1)	56×56	1×1conv			
	28×28	2×2average pool,stride2			

Layers	Output Size	DenseNet–121	DenseNet–169	DenseNet–201	DenseNet–264
Dense Block(2)	28×28	$\begin{bmatrix}1\times1\text{conv}\\3\times3\text{conv}\end{bmatrix}\times12$	$\begin{bmatrix}1\times1\text{conv}\\3\times3\text{conv}\end{bmatrix}\times12$	$\begin{bmatrix}1\times1\text{conv}\\3\times3\text{conv}\end{bmatrix}\times12$	$\begin{bmatrix}1\times1\text{conv}\\3\times3\text{conv}\end{bmatrix}\times12$
Transition Layer(2)	28×28	1×1conv			
	14×14	2×2average pool,stride2			
Dense Block(3)	14×14	$\begin{bmatrix}1\times1\text{conv}\\3\times3\text{conv}\end{bmatrix}\times24$	$\begin{bmatrix}1\times1\text{conv}\\3\times3\text{conv}\end{bmatrix}\times32$	$\begin{bmatrix}1\times1\text{conv}\\3\times3\text{conv}\end{bmatrix}\times48$	$\begin{bmatrix}1\times1\text{conv}\\3\times3\text{conv}\end{bmatrix}\times64$
Transition Layer(3)	14×14	1×1conv			
	7×7	2×2average pool,stride2			
Dense Block(4)	7×7	$\begin{bmatrix}1\times1\text{conv}\\3\times3\text{conv}\end{bmatrix}\times16$	$\begin{bmatrix}1\times1\text{conv}\\3\times3\text{conv}\end{bmatrix}\times32$	$\begin{bmatrix}1\times1\text{conv}\\3\times3\text{conv}\end{bmatrix}\times32$	$\begin{bmatrix}1\times1\text{conv}\\3\times3\text{conv}\end{bmatrix}\times48$
Classification Layer	1×1	7×7global average pool			
		1000D fully-connected,softmax			

3．DenseNet 内部结构

了解整个 DenseNet 的结构后，接下来我们来学习 DenseNet 每一部分的具体内容。

（1）Feature Block 的计算。DenseNet 的第一部分为 Feature Block，它介于输入层和第 1 个 Dense Block 之间，包含卷积和池化的过程。输入图像是 244 像素×244 像素×3，使用 64 个 7×7 的卷积核进行 same 卷积，步长是 2，此时输出为 $112\times112\times64$。进行 Batch Normalization 操作并使用 ReLU 函数激活，通过一次池化，最终输出的结果为 $56\times56\times64$。

Feature Block 的计算过程如下。

> 1．输入为图像（$244\times244\times3$）。
>
> 2．卷积为 $7\times7(\text{conv})\times64$，stride=2，输出为 $112\times112\times64$，参数个数为 $7\times7\times3\times64+64$。
>
> 3．Batch Normalization 计算。
>
> 4．激活函数 ReLU 计算。
>
> 5．池化为 $3\times3(\max\text{pool})$，stride=2，输出为 $56\times56\times64$。

（2）Dense Block 内部的计算。在每一个 Dense Block 的内部，每一层的输入是前面所有层输出的拼接。这里的拼接是指通道层面上的拼接。例如，将一个 $56\times56\times64$ 的数据和一个 $56\times56\times32$ 的数据拼接在一起，结果就是 $56\times56\times96$，这里的 96 是 64 和 32 的和。定义 k 等于 growth rate（增长率），表示每一层的输出都是一个确定的通道数。

以第 1 个 Dense Block 的第 1 层为例，输入为前面 Feature Block 的输出，即 $56\times56\times64$，经过 Batch Normalization 和 ReLU，进入 Bottleneck 层，该层是可选层，其目的是减少 feature-maps 的数量。在该层进行 1×1 的卷积，通道数目设定为 $4k$，这里取 $k=32$，因此就是

$32 \times 4 = 128$。若输出大于 128，则经过 Bottleneck 层之后，通道数都变为 128。最后进入卷积层，因为卷积核大小为 3×3，输出通道数为 $k = 32$，所以经过第 1 个 Dense Block 之后，最终的输出为 $56 \times 56 \times 32$。

例如，第 1 个 Dense Block 中第 1 层的计算过程如下。

1. 输入为 Feature Block 的输出为 $56 \times 56 \times 64$ 或者上一层 Dense Layer 的输出。

2. Batch Normalization 的输出为 $56 \times 56 \times 64$。

3. ReLU 的输出为 $56 \times 56 \times 64$。

4. Bottleneck 为可选层，为了减少 feature-maps 的数量。采用 $4k$ 个 1×1 的卷积核，输出为：$56 \times 56 \times 128$。对大于 $4k$ 的，则都变成 $4k$，参数个数为 $1 \times 1 \times 64 \times 128 + 128$。

5. 卷积层采用 k 个 3×3 的卷积核，输出为 $56 \times 56 \times 32$，参数个数为 $3 \times 3 \times 128 \times 32 + 32$。总参数个数为 $1 \times 1 \times 64 \times 128 + 128 + 3 \times 3 \times 128 \times 32 + 32 = 45\,216$。

最后将 Dense Block 的结构总结如下：每层的输出都不变，而输入通道数都在增加。因为根据 Dense Block 的设计，每层的输入是前面所有层的拼接。

（3）Transition Block 的计算。Transition Block 介于两个 Dense Block 之间，起连接作用，由一个卷积层和一个池化层组成。它的计算过程如下。

1. 输入为 Dense Block 的输出为 $56 \times 56 \times 32$。

2. Batch Normalization 的输出为 $56 \times 56 \times 32$。

3. ReLU 的输出为 $56 \times 56 \times 32$。

4. Bottlenect 为可选层，采用 k 个 1×1 的卷积核。此处可以根据预先设定的压缩系数 θ（$0 \sim 1$）对 k 进行压缩，以减小参数，输出为 $56 \times 56 \times (32 \times \theta)$，参数个数为 $1 \times 1 \times 32 \times 32 \times \theta + 32 \times \theta$。

5. 池化层采用 2×2 的平均值池化，输出为 $28 \times 28 \times (32 \times \theta)$。

至此介绍完了 DenseNet 中每一个单独的层。循环进行 Dense Block 层和 Transition Block 层，最后是 Classification 层，可以得到一个完整的 DenseNet 神经网络结构。总结如下。

循环 Dense Block 和 Transition 层。

Dense Block 1：输入为 $56 \times 56 \times 64$，输出为 $56 \times 56 \times 32$。

Transition 1：输入为 $56 \times 56 \times 32$，输出为 $28 \times 28 \times 32$。

Dense Block 2：输入为 $28 \times 28 \times 32$，输出为 $28 \times 28 \times 32$。

Transition 2：输入为 $28 \times 28 \times 32$，输出为 $14 \times 14 \times 32$。

Dense Block 3：输入为 $14 \times 14 \times 32$，输出为 $14 \times 14 \times 32$。

Transition 3：输入为 $14 \times 14 \times 32$，输出为 $7 \times 7 \times 32$。

Dense Block 4：输入为 $7 \times 7 \times 32$，输出为 $7 \times 7 \times 32$。

Classification 层。

输入为 Dense Block 4 的输出为 $7 \times 7 \times 32$。

Batch Normalization 的输出为 $7 \times 7 \times 32$。

ReLU 的输出为 $7 \times 7 \times 32$。

池化层采用大小为 7×7，步长为 1 的平均值池化，输出为 $1 \times 1 \times 32$。

Flatten 的输出为 1×32。

全连接层的输出为 $1 \times 1\,000$。

6.3.2 案例：性别区分

1. 数据准备与处理

下面利用男女性别分类的数据实现 DenseNet 的代码，该数据的训练集包含 15 000 多张照片，测试集包含 10 000 多张照片。仍然采取 ImageDataGenerator 的方式读入数据，具体如代码示例 6-11 所示。

代码示例 6-11：数据读入

```
from keras.preprocessing.image import ImageDataGenerator

IMSIZE=128

validation_generator = ImageDataGenerator(rescale=1./255).flow_from_directory(
    './data_des/test',
    target_size=(IMSIZE, IMSIZE),
    batch_size=100,
    class_mode='categorical')
train_generator = ImageDataGenerator(
    rescale=1./255,
    shear_range=0.5,
    rotation_range=30,
    zoom_range=0.2,
    width_shift_range=0.2,
    height_shift_range=0.2,
    horizontal_flip=True).flow_from_directory(
    './data_des/train',
    target_size=(IMSIZE, IMSIZE),
    batch_size=100,
    class_mode='categorical')
```

图像展示如代码示例 6-12 所示。

代码示例 6-12：图像展示

```
from matplotlib import pyplot as plt

plt.figure()
fig,ax = plt.subplots(2,5)
fig.set_figheight(6)
fig.set_figwidth(15)
```

```
ax=ax.flatten()
X,Y=next(train_generator)
for i in range(10): ax[i].imshow(X[i,:,:,:])
```

输出结果为：

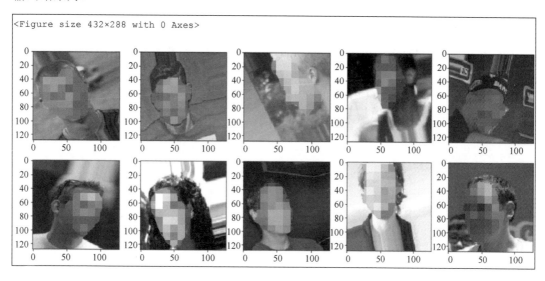

2. DenseNet 代码实现

首先将每个 Dense Block 中的 Dense Layer 数设置为 3，每一层增长的卷积核数（也就是 growth rate）设置为 32，初始卷积层设置为一个 Batch Normalization 层再加一个卷积层。具体如代码示例 6-13 所示。

代码示例 6-13：Dense Block 初始卷积层

```
from keras.layers import Input,BatchNormalization,Conv2D,Dense,Flatten,Input,
MaxPooling2D,Concatenate
from keras.layers.pooling import AveragePooling2D,GlobalAveragePooling2D
from keras import Model

IMSIZE=128

# 每个 Dense Block 中 Dense Layer 数目
nb_layers = 3
# 增长率
growth_rate = 32

# 输入层
input_layer = Input([IMSIZE,IMSIZE,3])
x = input_layer

# 初始卷积层
x = BatchNormalization()(x)
```

```
x = Conv2D(growth_rate*2, (3,3), padding='same', activation='relu')(x)
```

接下来是 4 个 Dense Block 和 3 个 Transition Block，通过一个循环实现。即循环 3 个 Dense Block 和 3 个 Transition Block，最后单独写一个 Dense Block。在每个 Dense Block 中，对 Dense Layer 进行循环操作，每个 Dense Layer 进行 Batch Normalization 加卷积操作，如果不是最后一层，就把之前所有的输出利用 Concatenate 函数拼接在一起作为下一个 Dense Layer 的输入。在 Transition Block 中进行 Batch Normalization 和 32 个 1×1 的卷积和平均值池化操作。具体如代码示例 6-14 所示。

代码示例 6-14：Dense Block+Transition Block

```
# 设置 [Dense Block + Transition Block] 多个，此处以 1 个为例
for j in range(3):
    # 1.Dense Block
    feature_list = [x]
    for i in range(nb_layers):
        x = BatchNormalization()(x)
        x = Conv2D(growth_rate, (3, 3), padding="same", activation='relu')(x)
        feature_list.append(x)
        if i<(nb_layers-1):
            x = Concatenate()(feature_list)

    # 2.Transition Block
    x = BatchNormalization()(x)
    x = Conv2D(growth_rate, (1, 1), padding="same", activation='relu')(x)
    x = AveragePooling2D((2, 2), strides=(2, 2))(x)
```

接着单独写一个 Dense Block，其结构与前面的设置相同，最后是全局池化。具体如代码示例 6-15 所示。

代码示例 6-15：最后一个 Dense Block+全局池化

```
# 设置最后一个 Dense Block（最后一个 Dense Block 不需要 Transition Block）
feature_list = [x]
for i in range(nb_layers):
    x = Conv2D(growth_rate, (3, 3), padding="same", activation='relu')(x)
    feature_list.append(x)
    if i<(nb_layers-1):
        x = Concatenate()(feature_list)

# 全局池化
x = GlobalAveragePooling2D()(x)
x = Dense(2,activation='softmax')(x)
output_layer = x
model = Model(input_layer,output_layer)
model.summary()
```

打印模型概要表，可以看到 DenseNet 最终需要训练的参数超过 25 万个，相较之前的很多 CNN 模型，参数个数要少很多。由于篇幅所限，这里仅展示部分模型概要表的结果，如图 6.13 所示。

batch_normalization_26 (BatchNo	(None, 32, 32, 32)	128	conv2d_28[0][0]
conv2d_29 (Conv2D)	(None, 32, 32, 32)	1056	batch_normalization_26[0][0]
average_pooling2d_6 (AveragePoo	(None, 16, 16, 32)	0	conv2d_29[0][0]
conv2d_30 (Conv2D)	(None, 16, 16, 32)	9248	average_pooling2d_6[0][0]
concatenate_15 (Concatenate)	(None, 16, 16, 64)	0	average_pooling2d_6[0][0] conv2d_30[0][0]
conv2d_31 (Conv2D)	(None, 16, 16, 32)	18464	concatenate_15[0][0]
concatenate_16 (Concatenate)	(None, 16, 16, 96)	0	average_pooling2d_6[0][0] conv2d_30[0][0] conv2d_31[0][0]
conv2d_32 (Conv2D)	(None, 16, 16, 32)	27680	concatenate_16[0][0]
global_average_pooling2d_2 (Glo	(None, 32)	0	conv2d_32[0][0]
dense_2 (Dense)	(None, 2)	66	global_average_pooling2d_2[0][0]

```
Total params: 257,326
Trainable params: 255,784
Non-trainable params: 1,542
```

图 6.13　模型概要表

3. DenseNet 编译运行

最后进行模型训练，设置学习率为 0.001。在设置 20 个 Epoch 的情况下，预测的外样本精度可以达到 0.85 左右。具体如代码示例 6-16 所示。

代码示例 6-16：DenseNet 模型编译与运行

```
from keras.optimizers import Adam
model.compile(loss='categorical_crossentropy',optimizer=Adam(lr=0.001),
metrics=['accuracy'])
model.fit_generator(train_generator,epochs=20,validation_data=validation_
generator)
```

输出结果为：

```
Epoch 12/20
154/154 [==============================] - 68s 440ms/step - loss: 0.4294 - acc: 0.8170 - val_loss: 0.4352 - val_acc: 0.8187
Epoch 13/20
154/154 [==============================] - 71s 464ms/step - loss: 0.4245 - acc: 0.8206 - val_loss: 0.5062 - val_acc: 0.7819
Epoch 14/20
154/154 [==============================] - 70s 453ms/step - loss: 0.4097 - acc: 0.8280 - val_loss: 0.3995 - val_acc: 0.8354
Epoch 15/20
154/154 [==============================] - 70s 455ms/step - loss: 0.3995 - acc: 0.8316 - val_loss: 0.3887 - val_acc: 0.8396
Epoch 16/20
154/154 [==============================] - 72s 468ms/step - loss: 0.3861 - acc: 0.8390 - val_loss: 0.3746 - val_acc: 0.8499
Epoch 17/20
154/154 [==============================] - 70s 456ms/step - loss: 0.3649 - acc: 0.8521 - val_loss: 0.3884 - val_acc: 0.8453
Epoch 18/20
154/154 [==============================] - 70s 453ms/step - loss: 0.3431 - acc: 0.8618 - val_loss: 0.3956 - val_acc: 0.8542
Epoch 19/20
154/154 [==============================] - 68s 439ms/step - loss: 0.3328 - acc: 0.8684 - val_loss: 0.3970 - val_acc: 0.8491
Epoch 20/20
154/154 [==============================] - 68s 440ms/step - loss: 0.3334 - acc: 0.8721 - val_loss: 0.3785 - val_acc: 0.8507
```

最后总结一下，DenseNet 的核心是在网络中大量应用了一种具有紧密连接性质的卷积神经网络，称之为 Dense Block。该神经网络中的任何两层都有直接连接，即网络中每一层的输入都是前面所有层输出的并集，而这一层学习到的特征也会被直接传递到后面的所有层作为输入，这大大缓解了梯度消失问题。研究表明，DenseNet 在很多性能上都超过了之前的 ResNet。

6.4 MobileNet

MobileNet 于 2017 年提出，是一项比较新的研究成果[①]，MobileNet 的提出是为了构建一个高效的网络架构，使其在实际应用中能够快速完成任务。MobileNet 广泛应用于自动驾驶里的物体识别、照相时的人脸识别、物品的精准分类，以及地标识别等领域，如图 6.14 所示。

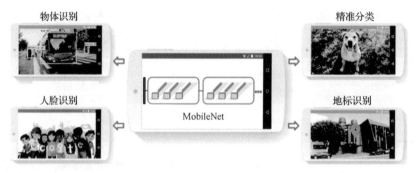

图 6.14　MobileNet 的应用领域

6.4.1　MobileNet 网络结构

MobileNet 网络结构的核心要点可以总结为 1+2，即一个核心技术（深度可分离卷积）和两个超参数。

1．深度可分离卷积

深度可分离卷积（Depthwise Separable Convolution）是指把标准的卷积分为两个步骤，一个是深度卷积（Depthwise Convolution），另一个是逐点卷积（Pointwise Convolution），也就是 Inception 中的 1×1 卷积，这样做的好处是可以大幅降低参数个数和计算量。下面通过一个例子来说明该核心技术。

如图 6.15 所示，假设输入为 6×6×3 的图像，使用 5 个大小为 4×4 的卷积核进行 valid 卷积，步长为 1，则输出为 3×3×5，一共消耗的参数个数为 4×4×3×5=240 。而深度可分离卷积分为以下两个步骤。

（1）深度卷积。用 3 个 4×4 的卷积核分别卷积 3 个通道，此时的输出为 3×3×3 的结构，

① Howard, A. G., Zhu, M., Chen, B., Kalenichenko, D., Wang, W., & Weyand, T., et al. (2017). Mobilenets: efficient convolutional neural networks for mobile vision applications.

一共消耗的参数个数为 4×4×3=48。

（2）进行一个逐点卷积。逐点卷积是用1×1的卷积核对这一层的输入进行卷积，一共用 5 个卷积核，输出就是 3×3×5，消耗的参数个数为1×1×3×5=15，于是深度可分离卷积消耗的参数总数为 48+15=63。

若用标准卷积方法，则会消耗 240 个参数，可见深度可分离卷积方法大大降低了参数个数。

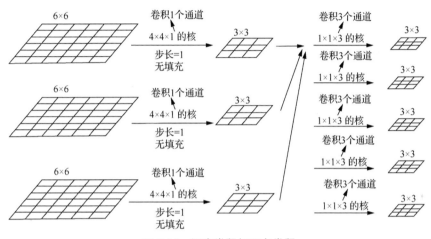

图 6.15　深度卷积与逐点卷积

2. 标准卷积和深度可分离卷积的区别

深度可分离卷积是 MobileNet 的主要结构，下面介绍它和标准卷积的区别。

（1）标准卷积。图 6.16（a）是一个标准的卷积层，一个 3×3 的卷积核经过一个 BN（Batch Normalization）操作，再经过一次 ReLU 变换，这是一个标准的模块。

（2）深度可分离卷积。图 6.16（b）分为两步，第 1 步为深度卷积，用一个 3×3 的卷积核，每个核只走一个通道，这样节省了参数个数，通过一个 BN 和一个 ReLU 变换之后，第 2 步为逐点卷积，此时用1×1的卷积核正常卷积。

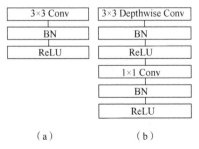

图 6.16　标准卷积（a）与深度可分离卷积（b）

3. 两个超参数

MobileNet 的另外一个核心要点为两个超参数，这两个超参数是事先设定的，一个叫宽度因子 α，另一个叫分辨率因子 ρ。α 用于控制输入和输出的通道数，即输入通道从 M 变为 αM，输出通道从 N 变为 αN。分辨率因子用于控制输入图像的分辨率，可以降低图像的分辨率，超参数 α 的取值范围为 0～1。

MobileNet 论文中的 Table 6 和 Table 7 展示了超参数选取与预测精度、参数个数之间的关系，如表 6.3 所示。Table 6 显示了宽度因子的影响，第一列 MobileNet 前面的数字就是宽度因子的取值，α 越小，相当于保留的通道数越少，随着宽度因子设定值的减小，预测精度从 70% 降到了 50%，但同时参数个数也大大减少了，可见卷积通道数对于卷积网络性能有着重要的影响；Table 7 的宽度因子都为 1，分辨率因子从 224 减少到 128，输入的分辨率越低，预测的精度也越低，但下降的值并不大。

表6.3 超参数选取与预测精度、参数个数的关系

Table6.MobileNet Width Multiplier			
Width Multiplier	Image Net Accuracy	Million Mult–Adds	Million Parameters
1.0 MobileNet-224	70.6%	569	4.2
0.75 MobileNet-224	68.4%	325	2.6
0.5 MobileNet-224	63.7%	149	1.3
0.25 MobileNet-224	50.6%	41	0.5

Table7.MobileNet Resolution			
Resolution	ImageNet Accuracy	Million Mult–Adds	Million Parameters
1.0 MobileNet-224	70.6%	569	4.2
1.0 MobileNet-192	69.1%	418	4.2
1.0 MobileNet-160	67.2%	290	4.2
1.0 MobileNet-128	64.4%	186	4.2

4. MobileNet 网络结构

MobileNet 的网络结构如表 6.4 所示。

表 6.4 MobileNet 的网络结构

Type/Stride	Filter Shape	Input Size
Conv/s2	$3\times3\times3\times32$	$224\times224\times3$
Conv dw/s1	$3\times3\times32$dw	$112\times112\times32$
Conv/s1	$1\times1\times32\times64$	$112\times112\times32$
Conv dw/s2	$3\times3\times64$dw	$112\times112\times64$

Type/Stride	Filter Shape	Input Size
Conv/s1	$1\times1\times64\times128$	$56\times56\times64$
Conv dw/s1	$3\times3\times128$dw	$56\times56\times128$
Conv/s1	$1\times1\times128\times128$	$56\times56\times128$
Conv dw/s2	$3\times3\times128$dw	$56\times56\times128$
Conv/s1	$1\times1\times128\times256$	$28\times28\times128$
Conv dw/s1	$3\times3\times256$dw	$28\times28\times256$
Conv/s1	$1\times1\times256\times256$	$28\times28\times256$
Conv dw/s2	$3\times3\times256$dw	$28\times28\times256$
Conv/s1	$1\times1\times256\times512$	$14\times14\times256$
5×Conv dw/s1 Conv/s1	$3\times3\times512$dw $1\times1\times512\times512$	$14\times14\times512$ $14\times14\times512$
Conv dw/s2	$3\times3\times512$dw	$14\times14\times512$
Conv/s1	$1\times1\times512\times1\,024$	$7\times7\times512$
Conv dw/s2	$3\times3\times1\,024$dw	$7\times7\times1\,024$
Conv/s1	$1\times1\times1\,024\times1\,024$	$7\times7\times1\,024$
Avg Pool/s1	Pool 7×7	$7\times7\times1\,024$
FC/s1	$1\,024\times1\,000$	$1\times1\times1\,024$
Softmax/s1	Classifier	$1\times1\times1\,000$

表 6.4 主要有以下 4 个要点。

（1）一个 dw（深度卷积）+ pw（逐点卷积）组成了一个深度可分离卷积层。整个 MobileNet 由多个深度可分离卷积层构成。第 1 行是一个标准的卷积，从第 2 行开始是深度可分离卷积，第 2 行加上第 3 行（逐点卷积）是一个深度可分离卷积的模块。接下来每两行是一个模块，构成了深度可分离卷积层。

（2）所有深度可分离卷积的深度卷积层都使用 3×3 的卷积核，步长是 1 或者 2。

（3）所有深度可分离卷积的深度卷积层，输出通道数等于输入通道数。

（4）举例计算参数个数。第一个普通卷积层的参数个数为 $3\times3\times3\times32=864$，在此之后都是深度可分离卷积层。以第一个深度可分离卷积层为例，深度卷积层参数个数为 $3\times3\times32=288$，逐点卷积层参数个数为 $1\times1\times32\times64=2\,048$。

5. MobileNet 与其他模型的对比

MobileNet 论文还将 MobileNet 与其他模型进行了对比，如表 6.5 所示。Table 8 用完整的 MobileNet 与 GoogLeNet 和 VGG 进行对比，可以看到三者在精度上不相上下，但是从计算量和参数个数来看，MobileNet 相比 VGG16 降低了 2 个数量级，减少的幅度很大。

Table 9 将宽度因子设定为 0.5，分辨率因子设定为 160。与其他两个小型网络对比，在预测精度上，MobileNet 是相对最高的，而且计算量和参数个数相比 AlexNet 也降低了一个数量级。精度最高，表现最好，而且速度最快，优势非常明显。

表 6.5　MobileNet 与其他网络的对比

Table8.MobileNet Comparison to Popular Models			
Model	ImageNet Accuracy	Million Mult–Adds	Million Parameters
1.0 MobileNet-224	70.6%	569	4.2
GoogLeNet	69.8%	1 550	6.8
VGG16	71.5%	15 300	138
Table9.Smaller MobileNet Comparison to Popular Models			
Model	ImageNet Accuracy	Million Mult–Adds	Million Parameters
0.50 MobileNet-160	60.2%	76	1.32
Squeezenet	57.5%	1 700	1.25
AlexNet	57.2%	720	60

6.4.2　案例：狗的分类

1. 数据准备与处理

下面选取论文中的原始数据 Standford Dog 实现 MobileNet 的代码，这是一个对狗进行分类的数据。原始类别有 120 类，为了方便展示实际数据，我们从中随机选取 10 类作为教学使用。具体的数据读入和展示代码如代码示例 6-17 所示。

代码示例 6-17：数据读入与展示

```
import random
random.seed(2019425)

IMSIZE=112

datagen = ImageDataGenerator(rescale=1. / 255,
                             shear_range=0.5,
                             rotation_range=30,
                             zoom_range=0.2,
```

```
                                    width_shift_range=0.2,
                                    height_shift_range=0.2,
                                    horizontal_flip=True,
                                    validation_split = 0.4)

validation_generator = datagen.flow_from_directory(
    'data_mob/',
    target_size=(IMSIZE, IMSIZE),
    batch_size=100,
    class_mode='categorical',
    subset = 'validation')

train_generator = datagen.flow_from_directory(
    'data_mob/',
    target_size=(IMSIZE, IMSIZE),
    batch_size=150,
    class_mode='categorical',
    subset = 'training')

            plt.figure()
            fig, ax = plt.subplots(2, 5)
            fig.set_figheight(6)
            fig.set_figwidth(15)
            ax = ax.flatten()
            X, Y = next(validation_generator)
            for i in range(10):
                ax[i].imshow(X[i, :, :, ])
            plt.show()
```

输出结果为：

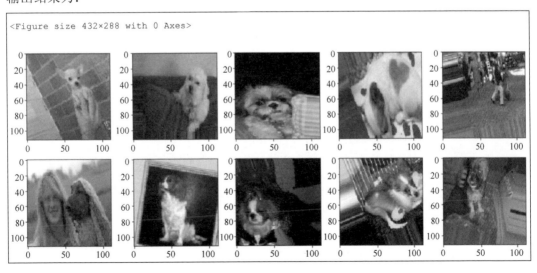

2．Depthwise 函数的编写

由于完整的 MobileNet 代码十分庞大，作为示例，这里仅编写一个简化版本供读者参考学习。在正式编写 MobileNet 代码之前，首先定义一个重要的函数：_depthwise_conv_block，该函数实现深度可分离卷积模块，以下为该函数的具体参数。

（1）inputs 表示输入图像。

（2）pointwise_conv_filters 表示深度可分离卷积层输出的通道数。

（3）alpha 表示宽度因子。若 alpha=0.5，则会减少一半的通道数。

（4）strides 表示步长。在深度卷积层，步长是 1 或 2，在逐点卷积层，步长只能为 1。

（5）block_id 代表第几个 block，取值为 1～5 的整数。

编写该函数的步骤如下。

（1）输出的通道数通过乘以 alpha 超参数进行调节。

（2）如果步长为 1，则输入不变，如果步长为 2，那么在输入图像的基础上，会在像素矩阵的右侧和下方补上一串 0。

（3）进入深度卷积层，使用 DepthwiseConv2D 函数，卷积核大小为 3×3，如果步长为 1，就使用 same 卷积，输出尺寸不变；如果步长为 2，则使用 valid 的卷积，112×112 的大小会变成 56×56。

（4）使用 BN 和 ReLU 操作。

（5）使用逐点卷积层，卷积核大小为 1×1，步长为 1，采取 same 卷积。

（6）使用 BN 和 ReLU 操作。

以上过程的详细代码如代码示例 6-18 所示。

代码示例 6-18：Depthwise 函数的编写

```
def _depthwise_conv_block(inputs, pointwise_conv_filters, alpha,
                          strides=(1, 1), block_id=1):

    pointwise_conv_filters = int(pointwise_conv_filters * alpha)

    if strides == (1, 1):
        x = inputs
    else:
        x = ZeroPadding2D(((0, 1), (0, 1)),
                          name='conv_pad_%d' % block_id)(inputs)

    x = DepthwiseConv2D((3, 3),
                        padding='same' if strides == (1, 1) else 'valid',
                        strides=strides,
                        use_bias=False,
                        name='conv_dw_%d' % block_id)(x)
    x = BatchNormalization(axis=-1,
```

```
                              name='conv_dw_%d_bn' % block_id)(x)
    x = Relu(6., name='conv_dw_%d_relu' % block_id)(x)
    x = Conv2D(pointwise_conv_filters, (1, 1),
                          padding='same',
                          use_bias=False,
                          strides=(1, 1),
                          name='conv_pw_%d' % block_id)(x)
    x = BatchNormalization(axis=-1,
                                name='conv_pw_%d_bn' % block_id)(x)

    return Relu(6., name='conv_pw_%d_relu' % block_id)(x)
```

3. 编写简化版本的 MobileNet 代码

如果理解了 depthwise_conv_block 函数，也就理解了深度可分离卷积的核心结构，接下来就可以编写一个简化版本的 MobileNet。

将 alpha 参数设定为 1，第一层使用 3×3 的卷积核，初始卷积层与原论文保持一致。接下来保留 5 层深度可分离卷积层，卷积核数量越来越多，步长有 1，也有 2，使用 Dense 拉直，最后输出到 10 分类问题。具体如代码示例 6-19 所示。

代码示例 6-19：简化版本的 MobileNet 代码

```
from keras.layers import ZeroPadding2D, Relu, DepthwiseConv2D
alpha = 1
depth_multiplier = 1

# 输入层
input_layer = Input([IMSIZE,IMSIZE,3])

# 初始卷积层
x = input_layer
x = ZeroPadding2D(padding = ((0,1),(0,1)),name='conv1_pad')(x)
x = Conv2D(32,(3,3),padding='valid',use_bias=False,strides=(2,2),name=
'conv1')(x)
x = BatchNormalization(axis=-1, name='conv1_bn')(x)
x = Relu(6,name='conv1_relu')(x)

# 保留其中的一些深度可分离卷积层
x = _depthwise_conv_block(x, 64, alpha, block_id=1)
x = _depthwise_conv_block(x, 128, alpha, strides=(2, 2), block_id=2)
x = _depthwise_conv_block(x, 256, alpha, strides=(2, 2), block_id=3)
x = _depthwise_conv_block(x, 512, alpha, strides=(2, 2), block_id=4)
x = _depthwise_conv_block(x, 1024, alpha, strides=(2, 2), block_id=5)

x = GlobalAveragePooling2D()(x)

x = Dense(10,activation='softmax')(x)
```

```
model = Model(inputs=input_layer,outputs=x)
model.summary()
```

4. 编译运行简化版本的 MobileNet

简化版本的 MobileNet 的参数有 70 多万个，运行 5 个 Epoch 后的精度为 22%左右。预测结果如图 6.17 所示，具体如代码示例 6-20 所示。

代码示例 6-20：简化版本的 MobileNet 模型编译与拟合

```
model.compile(loss='categorical_crossentropy',
              optimizer=Adam(lr=0.001),
              metrics=['accuracy'])

model.fit_generator(
    train_generator,
    steps_per_epoch=100,
    epochs=5,
    validation_data=validation_generator,
    validation_steps=100)
```

输出结果为：

```
Epoch 1/5
100/100 [==============================] - 79s 786ms/step - loss: 1.7765 - acc: 0.3705 - val_loss: 7.44
02 - val_acc: 0.1583
Epoch 2/5
100/100 [==============================] - 78s 780ms/step - loss: 1.1927 - acc: 0.5920 - val_loss: 5.99
01 - val_acc: 0.2150
Epoch 3/5
100/100 [==============================] - 77s 768ms/step - loss: 0.8603 - acc: 0.7132 - val_loss: 4.88
96 - val_acc: 0.2412
Epoch 4/5
100/100 [==============================] - 78s 779ms/step - loss: 0.6159 - acc: 0.7976 - val_loss: 5.40
02 - val_acc: 0.2195
Epoch 5/5
100/100 [==============================] - 76s 764ms/step - loss: 0.4609 - acc: 0.8566 - val_loss: 6.75
75 - val_acc: 0.2193
```

图 6.17　简化版本的 MobileNet 编译结果

最后总结一下，MobileNet 是基于深度可分离卷积的神经网络，有两个地方需要读者注意，一是深度可分离卷积，由深度卷积层和逐点卷积层组成，在构建时需要不断地调用这个结构；二是有两个可以调节的超参数，第 1 个为宽度因子，用于改变图像的通道数，第 2 个为分辨率因子，用于改变输入图像的分辨率。MobileNet 与其他已有的 CNN 模型对比，其在参数个数、计算速度和精度上具有优越性，能够应用于很多实时数据处理。

6.5　迁移学习

通过第 5 章和第 6 章的学习，我们掌握了很多经典的深度学习模型的知识，这些都是前人智慧的结晶。可想而知，在未来还会有更多优秀的深度学习模型被开发出来，对每个模型都学习显然不现实。此外，深度学习的训练又需要极其昂贵的硬件资源，这让很多科研工作者望而却步。因此，为了解决人们在学习深度学习时遇到的种种困难，有人提出了迁移学习的概念，它能够帮助我们站在前人的肩膀上，继续前进。

本节将从深度学习面临的现实困难出发，说明迁移学习产生的原因；接着介绍迁移学习的原理；最后，通过一个实例介绍如何运用迁移学习。

6.5.1 深度学习的现实困难

深度学习的技术日新月异，但也存在一些现实的困难。

（1）经典的网络模型太多。例如，有 LeNet、AlexNet、VGG16、Inception V1+V2+V3、ResNet+ResNext、DenseNet、MobileNet 等。我们不知道今后还会提出哪些大放异彩的新模型。这些模型是科研工作者智慧的结晶，有非常多值得学习的地方。但是不得不承认，这也是一个非常让人苦恼的地方。在传统的统计学模型学习中，大量的模型都可以规范成线性回归或逻辑回归问题。这说明统计学理论在模型方法上具有非常强的规范和抽象作用，这使得学习者能够先认真学习一个关键的基础理论知识，而后融会贯通，理解所有的东西。

但是深度学习在这方面很不一样，它更像工程。例如，前面我们学了很多基础的技巧，如卷积、池化、Batch normalization 等。所有这些技巧，都不能称为模型，它们需要拼接在一起，才会成为一个模型。拼接的方式无穷多种，这就使一部分特别勤奋聪明的学者，他们拼接出来的模型在数据上被广泛地验证是非常不错的。

（2）计算太昂贵。这里既包括硬件也包括数据集。在硬件方面，绝大多数普通人都只有能力接触到中央处理器（Central Processing Unit，CPU），接触不到图形处理器（Graphic Processing Unit，GPU），张量处理器（Tensor Processing Unit，TPU）可能就更难了。所以，计算硬件资源对绝大多数学习者来说是非常昂贵的。在如此昂贵的硬件资源上，训练一个特别大的数据集，如 ImageNet，则资源消耗是非常大的，绝大多数普通人甚至高校都做不到。根据笔者的了解，在很多非常好的大学中，也只有计算机专业的学生在进入教师的实验室之后，才有机会接触到 GPU 这样的计算资源。

基于以上两个现实困难，有没有巧妙的办法，让我们站在前人的肩膀上，借助他们过去研究沉淀下来的力量，往前走一步呢？这就产生了人们对迁移学习的一个最原始的需求。

6.5.2 迁移学习原理

迁移学习（Transfer Learning）是指将某个领域或任务上学习到的知识或模式应用到不同，但相关的领域或问题中。下面通过一个简单的例子来介绍什么是迁移学习。如图 6.18 所示，假设现在有两个任务，一个是任务 A，另一个是任务 B。其中，任务 B 是我们的目标任务，进行猫狗分类，任务 A 是其他学者做出来的。A 和 B 的主要区别如下。

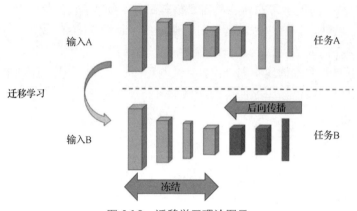

图 6.18　迁移学习理论图示

（1）任务 A 可能是个非常大的任务，如它是在 ImageNet 上训练出的 ResNet。任务 A 对数据、计算资源和时间的要求都非常高。但好处是，这些是别人已经训练好的任务。

（2）任务 B 是我们的目标任务。这个任务没有那么大，因为它的样本量只有几万张图像，没有到上千万这样的级别。样本量小带来的好处是计算量小，但坏处是如果需要训练一个更加复杂的模型时，样本量就不够了。

这时候，一个想法是能否把任务 A 训练好的模型结构和权重直接应用到任务 B 上。这就有点像果树嫁接。答案当然是可以的，但是需要注意以下两个问题。

（1）输入。输入相对来说比较简单，无论哪个任务，它的输入都是图像，我们只要保证两个任务中输入图像的像素相同即可。

（2）输出。这是关键。任务 A 的输出可能是为了区分 1 000 类，但是我们的任务 B 简单很多，只分为两类。所以任务 A 的网络结构最上面几层作为输出时，它至少要输出 1 000 个节点，但是任务 B 只需要输出两个节点。

如何解决输出问题呢？最简单的办法就是把任务 A 整个模型中最 Top 的那几层输出（常常是全连接层）替换成任务 B 想要的形式。例如，猫狗分类，只需要最终输出两个节点。这就是迁移学习的基本原理：站在前人的肩膀上，用别人的模型、参数。

6.5.3　Keras 中的迁移学习模型

由于迁移学习要用到别人训练出的模型结构和参数估计，因此需要一个文件，这个文件不仅包含模型结构，还包含这个模型当时训练出来的所有参数，这些参数很可能来自一个巨大的数据集，如 ImageNet。幸运的是，这些文件就在 Keras 上。截至本书写作时，Keras 支持的经典模型如图 6.19 所示，只需要认真学习一下想要迁移的模型的文档就可以了。学习文档是为了了解模型结构，如输入图像的像素要求是多少，我们的输入要和它保持一致。

Available models

Models for image classification with weights trained on ImageNet:

- Xception
- VGG16
- VGG19
- ResNet, ResNetV2, ResNeXt
- InceptionV3
- InceptionResNetV2
- MobileNet
- MobileNetV2
- DenseNet
- NASNet

图 6.19　Keras 支持的迁移学习模型

6.5.4　迁移学习实战：Inception V3

1．验证数据与训练数据的生成

接下来迁移学习一个经典的模型 inception_v3。首先需要一个验证数据的数据生成器，这个数据生成器和之前的构建有一点区别，因为 inception_v3 这个特定的模型对图像的预处理做了很多细致的要求，而这些操作都被集成在一个叫作 preprocess_input 的函数里，该函数可以从 keras.applications.inception_v3 直接导入。因此在 ImageDataGenerator 中，需要定义 preprocessing_function=prepocess_input，表示当数据生成器生成新数据时，要从数据库中的指定位置找到图像，然后按照 preprocess_input 函数的要求对它进行预处理。这是迁移学习的第一个步骤，生成数据生成器。具体如代码示例 6-21 所示。

代码示例 6-21：生成数据生成器

```
from keras.applications.inception_v3 import preprocess_input
from keras.preprocessing.image import ImageDataGenerator

IMSIZE=299

validation_generator = ImageDataGenerator(
    preprocessing_function=preprocess_input).flow_from_directory(
    './data_tl/CatDog/validation',
    target_size=(IMSIZE, IMSIZE),
    batch_size=100,
    class_mode='categorical')
```

同样的操作流程可用于训练数据的数据生成器。此时，只有经过预处理的数据才是适用于想要迁移的模型 inception_v3。具体如代码示例 6-22 所示。

代码示例 6-22：生成训练数据集

```
train_generator = ImageDataGenerator(
    preprocessing_function=preprocess_input,
```

```
shear_range=0.5,
rotation_range=30,
zoom_range=0.2,
width_shift_range=0.2,
height_shift_range=0.2,
horizontal_flip=True).flow_from_directory(
'./data_tl/CatDog/train',
target_size=(IMSIZE, IMSIZE),
batch_size=150,
class_mode='categorical')
```

2. 原始图像数据展示

直接展示训练数据生成器生成的图像时，程序会报错，这是因为当原始数据按照 inception_v3 的预处理函数处理之后，有些像素变成了负数，这时无法用 imshow 函数做图形化展示。解决办法是把图像的第一层像素，也就是第 0 层取出来，此时像素取值是正是负无所谓，Python 都可以处理，但遗憾的是看不到彩色图像，即使这样，也能看到非常清晰的猫和狗。具体如代码示例 6-23 所示。

代码示例 6-23：原始图像数据展示

```
from matplotlib import pyplot as plt

plt.figure()
fig,ax = plt.subplots(2,5)
fig.set_figheight(6)
fig.set_figwidth(15)
ax=ax.flatten()
X,Y=next(train_generator)
for i in range(10): ax[i].imshow(X[i,:,:,0])
```

输出结果为：

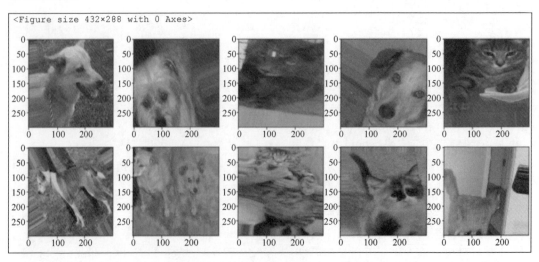

3. 建立 Inception V3 迁移学习模型

（1）从 keras.applications.inception_v3 导入 Inception V3 程序包。第一行 base_model = Inception V3 是基础模型。其中 Inception V3 是 Keras 的关键字，它表示这是一个提前训练好的 Inception V3 模型。其中有两个参数，第 1 个参数是 weights='imagenet'，表示模型的权重是从 imagenet 上训练出来的；第 2 个参数是 include_top=False，表示没有迁移学习整个 Inception V3 模型，它的顶层输出神经元节点被砍掉。

（2）定义输入 x=base_model.output。从这个位置开始，模型的底部是 base_model，也就是 Inception V3 模型，从 x 开始就是模型需要定义的。首先，对 x 的每一个通道分别做一个 GlobalAveragePooling。经过这个操作之后，x 变成一个向量，然后直接做一个以两神经元为输出节点的全连接层，把全连接层赋给 predictions 变量。至此有了输入和输出，输入是 base_model.input，输出是 predictions。

（3）将别人训练好的权重也迁移学习过来。此时只需要使用命令 layer.Trainable=false 即可，也就是不要再训练模型。这意味着之前在 ImageNet 上训练出来的权重都被继承下来了。可以使用 model.summary() 查看模型结构。具体如代码示例 6-24 所示。

代码示例 6-24：建立迁移学习模型

```python
from keras.applications.inception_v3 import InceptionV3
from keras.layers import GlobalAveragePooling2D, Dense, Activation
from keras import Model

base_model = InceptionV3(weights='imagenet', include_top=False)
x = base_model.output
x = GlobalAveragePooling2D()(x)
predictions = Dense(2,activation='softmax')(x)
model=Model(inputs=base_model.input, outputs=predictions)
for layer in base_model.layers:
    layer.trainable = False
model.summary()
```

输出结果为：

Layer (type)	Output Shape	Param #	Connected to
input_1 (InputLayer)	(None, None, None, 3	0	
conv2d_1 (Conv2D)	(None, None, None, 3	864	input_1[0][0]
batch_normalization_1 (BatchNor	(None, None, None, 3	96	conv2d_1[0][0]
activation_1 (Activation)	(None, None, None, 3	0	batch_normalization_1[0][0]
conv2d_2 (Conv2D)	(None, None, None, 3	9216	activation_1[0][0]
batch_normalization_2 (BatchNor	(None, None, None, 3	96	conv2d_2[0][0]
activation_2 (Activation)	(None, None, None, 3	0	batch_normalization_2[0][0]
conv2d_3 (Conv2D)	(None, None, None, 6	18432	activation_2[0][0]

4．迁移模型的编译运行

编译运行模型，尝试做 10 个 Epoch 循环，学习率设置为 0.001，可以看到外样本预测精度很快就达到 98%左右。这就是迁移学习的魅力：我们站在前人的肩膀上，轻松获得相当不错的结果。具体如代码示例 6-25 所示。

代码示例 6-25：迁移学习模型构建

```
from keras.optimizers import Adam
model.compile(loss='categorical_crossentropy',optimizer=Adam(lr=0.001),
metrics=['accuracy'])
model.fit_generator(train_generator,epochs=1,validation_data=validation_
generator)
```

输出结果为：

```
Epoch 1/10
100/100 [==============================] - 526s 5s/step - loss: 0.1965 - acc: 0.9332 - val_loss: 0.0731 - val_acc: 0.9788
Epoch 2/10
100/100 [==============================] - 481s 5s/step - loss: 0.1055 - acc: 0.9623 - val_loss: 0.0614 - val_acc: 0.9816
Epoch 3/10
100/100 [==============================] - 489s 5s/step - loss: 0.0877 - acc: 0.9679 - val_loss: 0.0566 - val_acc: 0.9841
Epoch 4/10
100/100 [==============================] - 490s 5s/step - loss: 0.0831 - acc: 0.9698 - val_loss: 0.0752 - val_acc: 0.9765
```

最后总结一下，由于深度学习面临很多现实的困难，如模型太多且计算资源昂贵，所以由此产生一个需求：是否可以利用前人沉淀下的研究结果来完成自己的任务？迁移学习因此产生。简单地说，迁移学习就是继承了前人的模型结构和参数训练结果，将其应用在自己的模型中，从而得到快速且相对准确的预测结果。在未来的学习中，读者可以不断尝试和感受迁移学习带来的便利性。

课后习题

1．尝试在同一个数据集中运行本章所学的各个模型，对比模型精度，可以用逻辑回归作为基准模型，观察各个模型的精度提高程度。

2．建立一个关于性别分类的模型，用自己的大头像，或者朋友的大头像，看看你的分类模型能识别你们的性别吗？准确度如何？

3．任选本章的一个 CNN 模型，适当做一些变形，编写程序并详细注释，计算并说明所建立的 CNN 模型的参数个数。

4．谈谈你对迁移学习的理解。

5．本章迁移了 Inception V3 模型，请读者尝试迁移其他模型，如 ResNet、MobileNet。

第 **7** 章　深度学习在文本序列中的应用

【学习目标】

通过本章的学习，读者可以掌握：

1．词嵌入的原理与实现；

2．RNN 模型的原理与实现；

3．LSTM 模型的原理与实现。

了解：

1．文本语义的数学表达；

2．语义相关性的度量；

3．机器翻译的基本原理。

【导言】

深度学习模型算法除了能在图像处理领域大放异彩（如第 5 章和第 6 章介绍的内容），在一些其他的非结构化数据领域也展示出了非凡的能力。本章将介绍使用深度学习模型算法处理文本数据，更确切地说是处理字符序列数据。为此，首先需要了解并掌握词嵌入的原理及其相关知识。本章将通过机器作诗的例子，由易到难，逐步介绍处理文本序列数据的 3 个模型的原理与代码实践。

处理文本序列的第 1 个模型是逻辑回归，它的特点是简单易懂，但缺点是没有利用来自文本时间序列上的特征。第 2 个模型是循环神经网络模型（Recurrent Neural Network，RNN），该模型虽然解决了逻辑回归的缺陷，但它无法捕捉长期记忆性。最后一个模型是长短期记忆模型（Long Short Term Memory，LSTM），该模型可以看成是 RNN 模型的扩展，解决了长短期记忆问题，在现实中被广泛应用。

本章最后介绍文本序列非常广泛的一个应用：机器翻译的原理与相关知识。学习完本章，读者将具有一定的用深度学习模型处理文本序列数据的理论与实践能力。

7.1 词嵌入

词嵌入（Word Embedding）是指把一个维数是所有词的数量的高维空间嵌入到一个维数低得多的连续向量空间中，每个单词或词组是映射到实数域上的向量。本节将介绍词嵌入的原理及其代码实现。

7.1.1 词嵌入前期知识

在具体讲解词嵌入原理之前，需要具备一些前期准备知识，这些知识包括词语相似性的度量、语义相关性、映射与高维欧式空间。

1. 一个例子引出文本序列研究的重要问题

文本序列分析在实际生活中有非常多的重要应用，如自动化翻译、机器作诗、人机对答等。图 7.1 所示是一个假想的机器人对答场景，一个熊孩子正在跟一个机器人对话，熊孩子说："今天，好悲催呀！！"这说明他心情不好。机器人发现他心情不好了，就说："你、怎么了？"它在试图安慰熊孩子。于是，熊孩子又说："深度学习好难呀！！"机器人就说："那一定是因为你的回归基础没打牢！"

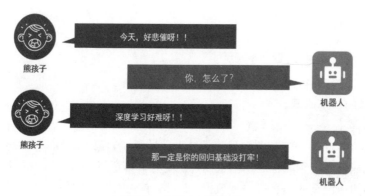

图 7.1　机器人对答场景

这是一个非常简单的假想场景，这个场景里发生了两轮自然语言的沟通。第一轮熊孩子说"好悲催啊"，这时我们希望自然语言处理机能够做到自动判断熊孩子的情绪。因为它知道熊孩子的情绪不好，所以机器人才会安慰。这是文本序列要处理的一个问题，即根据一段话的自然语言判断人的情绪。这是一个相对来说比较容易的问题，因为情绪种类有限，因此，这本质上是一个比较简单的分类问题。

第二轮对话，熊孩子说"深度学习好难呀"，机器人说"那一定是你的回归基础没打牢"。如果机器人要说这么一句话，它至少要知道，深度学习和回归分析是在语义上高度相关的两个词。也许机器人并不知道深度学习是一门课，回归分析是另一门课，但是它必须知道这两个词组是高度相关的。**因此，在文本序列研究中，如何描述、刻画、捕捉词和词之间的相关性，就成了第一重要的问题。**

2. 关于词语相似性的两种理解

对于词语相似性的理解通常存在两种不同的看法。

（1）如果两个词经常在一起出现，那么它们的相关性就很强。例如，周末加班，周末和加班是相关性很强的。

（2）相关是指语义上非常相似。例如，苹果和橘子都是水果，它俩应该是类似的，是相关的。酒店和宾馆是类似的，它俩应该是相关的。虽然橘子和苹果通常不会同时出现，酒店和宾馆也不见得，但是它们常常会出现在语义中的相同位置。

这是什么意思？如图 7.2 所示，有两句话分别是，马云是阿里巴巴的总裁，马化腾是腾讯的总裁，这时应该认为，马云和阿里巴巴相关性强，还是阿里巴巴和腾讯的相关性强呢？这两种想法都是有道理的，因为毕竟马云是阿里巴巴公司的创始人，另一种想法也有道理，阿里巴巴和腾讯都是公司。从自然语言的角度来讲，马云是阿里巴巴的总裁是说得通的自然语言，马云是腾讯的总裁也是说得通的自然语言，虽然后者不是真实的。

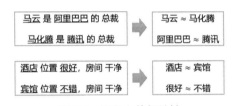

图 7.2 语义上的相关性

以上两种关于词语相似性的理解都是有道理的，但是回到机器人对话的案例里，我们面对的两个词是深度学习和回归分析，这两个词的相关性更多地来自第 2 种语义上的相关性，而不是因为共同出现。这里语义上的相关性是指可以把这两个词的位置互换，相应的句子仍然是自然语言。例如，熊孩子会抱怨说，回归分析好难呀！那机器人可以说，那一定是因为你深度学习的基础没有打牢。这两句话作为自然语言也是说得过去的。

所以，语义上的相关性可能对于培养一个机器人，培养一个系统形成自然语言的对话，也是非常有帮助的，甚至作用更大一些。因此，**本节关注的词语相关性，更多地是指语义上的相关性，而不是共同出现。**这里需要强调一下，我们不是在否认第 1 种相关性，共同出现也是一种重要的相关性，只是说它的应用场景可能在其他地方。而本书关注的相关性主要是语义上的相关性。

3. 语义相关性的几何理解

所谓语义相关性，就是把在语义上相似的词聚到一起。从几何的角度，就是把一类语义上相似的词，如酒店、宾馆、旅店划归到一起，把另一类语义相似的词，比如很好、不错、还可以，也聚在一起。这是两类不同的词，它们之间应该有一定的距离。因此，自然语言在处理文本时的一个基础目标就是，**把一个个抽象的词或句子映射到一个欧式空间中**，因为欧式空间有距离的概念，如图 7.3 所示。

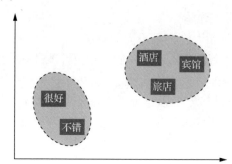

图 7.3　词语映射到带有距离的欧氏空间

有了距离这个测量的量之后，可以发现酒店和宾馆的距离是很近的，酒店和很好的距离是很远的。所以需要建立一个映射关系，把抽象的自然语义中的词汇，甚至短句映射到一个带有距离的欧氏空间中。这是一件非常复杂的事情，因为短句和词汇太多了。所以，欧氏空间的维数一定会很高。

所以，在数学上想要达到目标，就要建立一个映射关系，将词或者短句映射到带有距离的高维欧式空间中。这样的目标称为词嵌入（Word Embedding），即把一个个 word（词）embed（嵌入）高维的欧氏空间中。

7.1.2　词嵌入的理论原理

下面通过一个具体的例子介绍词嵌入的理论原理，为此需要先了解词嵌入在数学上是如何表达的。

1．举例：词嵌入的数学表达

假设现在有 3 个词，分别是酒店、宾馆和旅店，词嵌入就是要通过大量的文本数据学习，找到每一个词汇与高维空间的映射关系，表示该词汇在抽象空间中的位置，即它的坐标。如图 7.4 所示，这个向量的维度可以任意。例如，酒店映射到高维空间中的位置是 V_1，它的前三维的坐标分别是 4.2、3.5、5.1（后面还有很多维度这里略去）。这样就为酒店找到了一个在高维空间中的位置，同样也为宾馆找到了一个位置 V_2，为旅店也找到了它的位置 V_3。

这里只关心酒店和宾馆的相对距离、酒店和旅店的相对距离、宾馆和旅店的相对距离。如果对这 3 个坐标，V_1、V_2、V_3 做相同大小和方向的平移，就会发现所有的相对距离是保持不变的。这说明抽象空间中词汇的位置是不可识别的。这带来的问题是，任给一组真实的文本数据，可以有无限多种空间坐标的设定方法，呈现出同样的相似关系。将来编程实现词嵌入时，有可能对同一组数据，使用不同的随机数种子或者起点，每次的结果、具体的位置是各不相同的，但是它们之间的相对距离是稳定的。

因此，需要知道理论上为每个词汇在虚拟空间中确定位置的标准是什么，即优化的目标函数是什么。给定这个标准后，才能在 Python 上实现代码。接下来就从词嵌入的理论原理上理解确定位置的具体标准。

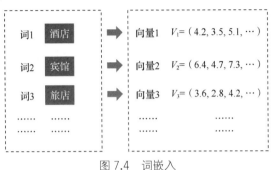

图 7.4　词嵌入

2．理论原理概述

词嵌入的理论基础由托马斯·米克罗夫（Tomas Mikolov）等人在 2013 年 ICLR 大会上的一篇论文中提出[①]。方便起见，这里用一个例子来阐述它的核心原理。

例如，有一个短句"酒店与火车站相距很近"，可以分成 5 个词：酒店、与、火车站、相距、很近。首先要对每一个词根记录一个空间中的位置，例如，把"酒店"记为 X_1，"与"记为 X_2，"相距"记为 X_3，"很近"记为 X_4。需要注意的是，$X_1 \sim X_4$ 都是维度很高的向量，具体是多少维暂不确定，但 $X_1 \sim X_4$ 非常依赖于对虚拟空间维数的设定。大家会发现这里没有设定"火车站"这个词，这是因为它要作为因变量 Y，是一个离散的分类变量。

接下来的问题是，我们如何才知道关于酒店、与、相距、很近这 $X_1 \sim X_4$ 在虚拟空间中的位置设定是合理的。这背后的假设是，如果 X_1、X_2、X_3、X_4 能够合理地预测 Y，也就是说，如果能够基于一段文本的上下文，例如，上文 X_1、X_2，下文 X_3、X_4，很好地预测中间的 Y，那么在虚拟空间中表达的距离关系和真实世界中看到的文本的逻辑顺序应该在很大程度上是相似的、自洽的、不矛盾的。

所以位置 $X_1 \sim X_4$ 的确定，最简单直白的做法就是做一个超高维的多分类逻辑回归。之所以是超高维，是因为 $X_1 \sim X_4$ 的维度很高，多分类是因为因变量 Y 既可以是火车站，也可以是酒店，也可以是相距，还可以是很近，所以它的类别很多。如果这个逻辑回归的结果足够好，那么找出来的位置就是我们能看到的最好的位置。这就是词嵌入最基本的理论原理，如图 7.5 所示。

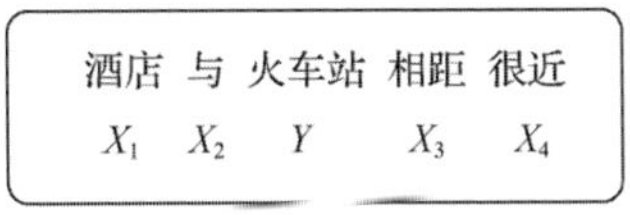

酒店　与　火车站　相距　很近
X_1　X_2　Y　X_3　X_4

图 7.5　词嵌入基本原理

① Tomas Mikolov, Kai Chen, Greg Corrado, Jeffrey Dean (2013). Efficient Estimation of Word Representations in Vector Space. International Conference on learning representations.

当然随着技术的发展、版本的改进，后面讲到更复杂的模型时，词嵌入优化的目标函数可能已经不是这个了，但是我们仍然可以将这个重要的方法和文献作为起点，去理解词嵌入是如何建立词到向量的关系，以及这个向量又是如何确定下来的。

7.1.3 词嵌入的程序实现

接下来通过一个具体的案例更加深入地理解词嵌入。案例数据来自 GitHub 上共享的公开数据，包括 7 000 多条携程网上对酒店的评论数据。

1. 数据读入与展示

首先将数据读入，使用 Pandas 包自带的函数 read_csv 读入文件，用 head 展示数据集的前 5 条观测。具体如代码示例 7-1 所示。

代码示例 7-1：读入数据

```
import pandas as pd
data = pd.read_csv('data_we/Comment.csv')
data.head()
```

输出结果为：

	label	review
0	1	距离川沙公路较近,但是公交指示不对,如果是"蔡陆线"的话,会非常麻烦.建议用别的路线.房间较...
1	1	商务大床房,房间很大,床有2M宽,整体感觉经济实惠不错!
2	1	早餐太差,无论去多少人,那边也不加食品的.酒店应该重视一下这个问题了.房间本身很好.
3	1	宾馆在小街道上,不大好找,但还好北京热心同胞很多~宾馆设施跟介绍的差不多,房间很小,确实挺小...
4	1	CBD中心,周围没什么店铺,说5星有点勉强.不知道为什么卫生间没有电吹风

2. 中文分词

要研究中文文本词语之间的相关关系，首先要做的就是分词，这并不是一件容易的事。例如，"武汉市长江大桥"，它说的是武汉市长，名字是江大桥。但我们知道它另外一种分法是，武汉市，长江大桥，意思完全不一样。因此，不同的分词方法产生的结果可能是不同的。遗憾的是，没有一种方法能完美解决这个问题，因为有时候同样的中文自然语言，不同的人理解也不一样，这是中文博大精深的一面。幸运的是，在大多数情况下，我们的理解都是相同的。我们可以通过一个叫作 jieba 的分词软件进行中文分词。

在 Python 中分词首先需要加载一个叫 jieba 的包，初始化一个空的列表，并命名为 train_data，用来存储后续分好的词根数据。刚才读进来的评论数据保存在 data 中，每一行代表一条评论数据，使用 jieba.lcut 函数对 data.review 列进行逐行分词操作，那么程序就会按照 jieba 自定义的规则进行分词。当把每条评论分成一个一个词根时，就形成了一个列表，将这个列表保存在 line_fenci 中，将 line_fenci 用 append 函数拼接在 train_data 中，这样之后，train_data 存储了所有评论的分词情况。具体如代码示例 7-2 所示。

代码示例 7-2：中文分词

```
import jieba
train_data = []
for line in data.review:
    line_fenci = jieba.lcut(line)
    train_data.append(line_fenci)
```

3．结果展示

将 train_data 打印出来，它是一个列表，其中每一个元素又是一个列表，这是因为每一条评论数据分词之后形成了一个关于词根的列表。具体如代码示例 7-3 所示。

代码示例 7-3：打印 train_data

```
print(train_data[0])
print(train_data[1])
print(train_data[2])
```

输出结果为：

```
['距离', '川沙', '公路', '较近', '，', '但是', '公交', '指示', '不', '对', '，',
'如果', '是', '"', '蔡陆线', '"', '的话', '，', '会', '非常', '麻烦', '.', '建议', '用',
'别的', '路线', '.', '房间', '较为简单', '.']
['商务', '大床', '房', '，', '房间', '很大', '，', '床有', '2M', '宽', '，', '整体',
'感觉', '经济', '实惠', '不错', '!']
['早餐', '太', '差', '，', '无论', '去', '多少', '人', '，', '那边', '也', '不加',
'食品', '的', '。', '酒店', '应该', '重视', '一下', '这个', '问题', '了', '。', '房间',
'本身', '很', '好', '。']
```

通过绘制词云图可以发现，这里主要讨论的词包括酒店、价格、服务员、环境、早餐等，如图 7.6 所示。

图 7.6　携程数据词云

4．词嵌入函数

从 gensim.models 中可加载 Word2Vec 函数，用来实现词嵌入。该函数将 train_data 作为输入，参数 size=100，表示虚拟空间的维度为 100。这个参数设为多少，需要多方权衡。维度越低，参数就越少，而且向量空间能够被刻画出来，但是它能提供的灵活度也就越差，可能很多复杂语言之间的相关关系表达不出来。size 太大，消耗参数变多，需要的样本量超级大，消耗的计算时间也会非常长。所以究竟取多大的 size，依赖于样本量、计算能力以及能承受的等待时间。因此在实际应用中，通常是多试几个值，选择一个效果最好的。

参数 min_count=1，用于计算词频，表示只保留词频大于等于 1 的词根。该参数要设置为多少，也没有客观标准。词频要求高，数据质量就好，但前提是需要有足够丰富的词，如果词少，语义关系就难以被学习出来；如果词频要求特别低，能够被学习的词是多了，但这些词汇的准确率可能要差一些。所以只能不断地尝试，选择一个相对最好的。具体如代码示例 7-4 所示。

代码示例 7-4：载入 Word2Vec

```
from gensim.models import Word2Vec
model = Word2Vec(train_data, size=100, min_count=1)
```

5. 词嵌入结果展示

通过 model.mv 函数展示"酒店"这个词在虚拟空间中的位置，可以看到这里有很多正的负的各种数字，代表了"酒店"的向量坐标。具体如代码示例 7-5 所示。

代码示例 7-5：输入词后的结果展示

```
print(len(model.wv['酒店']))
model.wv['酒店']
```

输出结果为：

```
100
```

```
array([ 1.2913097 ,  1.3787785 ,  1.7766075 ,  0.13462837,  0.21497677,
        0.49974832,  0.10014457, -0.15855487, -0.91300476,  0.22248882,
       -0.12423342, -0.01663428,  0.7000096 ,  0.8872747 ,  0.31214198,
       -0.8608309 ,  1.3592396 , -0.71766096,  0.18247749, -0.5685879 ,
       -1.0136191 ,  1.0021577 , -1.1804698 ,  0.17697957,  0.71453047,
       -0.8107923 ,  0.630949  , -0.3682033 ,  1.3729137 , -1.5849909 ,
       -0.16846952, -1.9750712 ,  1.1182437 ,  0.14051278,  0.49388427,
        1.4990276 , -0.45398152, -0.6103632 ,  0.34369168,  0.18900548,
       -0.9646737 ,  1.2193235 , -0.24389428, -0.7055887 , -1.5632688 ,
       -0.49585143, -1.0720309 ,  0.47048208, -0.08513916, -0.5781224 ,
        0.0510736 ,  1.5568649 , -0.9193901 , -0.24290895,  1.2983334 ,
        0.99009097, -0.5640688 ,  0.46643776, -0.98990035,  0.5253238 ,
        1.2457733 , -1.2432195 , -0.80626005, -1.0739523 , -0.35536364,
        2.057863  , -1.7632767 ,  0.0632392 , -0.55961806, -0.7023979 ,
       -0.20710644,  0.19647117, -0.7298161 ,  0.15582463,  0.26865628,
        0.8857841 ,  1.1338451 , -0.10153551,  1.0020987 , -0.31160632,
       -0.24032862, -0.21235597, -0.18485999, -0.1239932 , -0.44849768,
        0.07965206, -0.01632071,  0.23130189,  0.8771238 , -0.25828993,
        1.9532852 , -0.8803855 ,  0.7336944 ,  0.7767589 , -0.26699522,
       -0.38469738,  0.3227734 , -0.4246916 ,  0.4065846 , -0.25238293],
      dtype=float32)
```

6. 词语相似性结果展示

通过 model.wv.similarity 函数可以计算各个词语之间的相似性。例如 "酒店" 和 "饭店" 的相似性是 81.49%，"酒店" 和 "不错" 的相似性是 53.18%。请注意，如果按照同时出现来计算的话，"酒店" 和 "不错" 应该更容易同时出现，相反，"酒店" 和 "饭店" 同时出现的概率会小一些。通过词嵌入这种方法，能够排除这个影响，从语义上识别出 "酒店" 和 "饭店" 才是靠得更近的，"酒店" 和 "不错" 的距离是比较远的。

最后通过 wv.similarity_by_world 函数，可以为某个词找到和它最相近的 5 个词语（top$n$=5）。例如，找出和 "不错" 最近的 5 个词，具体如代码示例 7-6 所示。

代码示例 7-6：词语相似性结果展示

```
print(model.wv.similarity('酒店', '饭店'))
print(model.wv.similarity('酒店', '不错'))
for key in model.wv.similar_by_word('不错', topn=5):
    print(key)
```

输出结果为：

```
0.8149252
0.53175545
('行', 0.9029867649078369)
('挺不错', 0.8863133788108826)
('令人满意', 0.8700293302536011)
('比较满意', 0.8636491894721985)
('一般', 0.8542822599411011)
```

7.2 机器作诗初级：逻辑回归

7.1 节介绍了词嵌入的基本原理及其代码实现，本节将介绍如何利用词嵌入来吟诗作对。如图 7.7 所示，李白的著名诗篇《静夜思》写到："床前明月光，疑是地上霜。举头望明月，低头思故乡。"该诗没有特别华美的词藻，却意味深长耐人寻味，千百年来广为传颂。对于普通人来说，作诗不是一件容易的事，现在有了自然语言处理技术，可否让机器作诗呢？本节就用一个最简单的逻辑回归模型实现机器作诗的愿望。

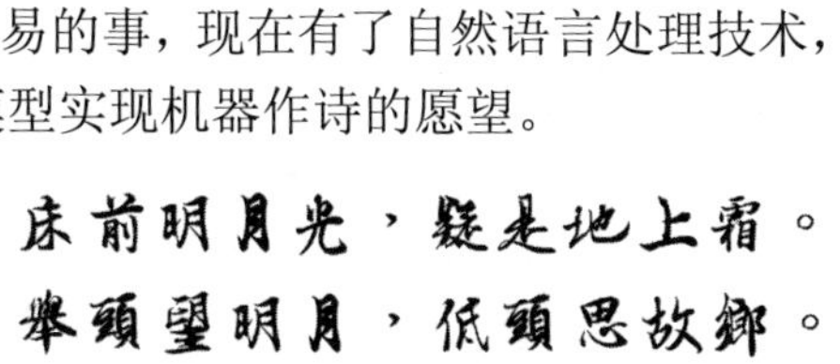

床前明月光，疑是地上霜。
举头望明月，低头思故乡。

图 7.7 李白的《静夜思》

7.2.1 机器作诗原理

作诗讲究对仗工整，俗称就是前言搭后语，有各种要求。以《静夜思》为例，这是一首五言绝句，一共有 4 句话，每句话不多不少正好 5 个字，而且有很多对应关系。例如，"地上霜对思故乡，明月对月光"等。如果按自然语言随便凑 20 个字出来，是不可能成诗的。在这方面，过去很多的学者也有相应的研究。例如，如图 7.8 所示，诗人李渔在《笠翁对韵》就给过很多对仗、组织词句的建议，从中可以一窥古人对仗的智慧。天对地，雨对风，大陆对长空，山花对海树，赤日对苍穹，非常工整。

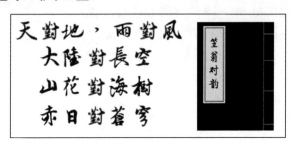

图 7.8　作诗讲究"前言搭后语"

这就是人们作诗时感到很困难的地方，既要天对地，又要雨对风，但是同样的任务交给机器来做，它的原理是什么呢？接下来从回归分析的角度介绍。

1. 机器作诗与回归分析

机器作诗其实就是一个回归分析的概率问题。所谓天对地，就是给定前面已经说了一个 X 等于"天"，下一个相应位置的字是"地"的条件概率应该非常大。我们不排除"天"也可以对"海"，但是按照这里的建议，天对地的可能性应该是更大的。这表现在概率上就是，X 是"天"，Y 是"地"的条件概率是非常大的。类似地，风对雨就是给定 X 是风，Y 等于"雨"的条件概率应该是非常大的。

于是写诗本质上就是在不自觉地做一个关于 X 和 Y 的回归分析，如果这个 X 能够极其准确地预测相应的 Y，就说明它对仗工整，就是一首比较好的诗；如果 X 预测 Y 的精度很差，说明对仗工整程度就要差很多。

2. 逻辑回归作诗原理

前面的讨论告诉我们，作诗其实就是一个回归分析，给定 X 等于天，可以计算 Y 等于地、海、山花的概率分别是多少，结果发现 Y 等于地的概率最大，说明这个对仗是最工整的。下面以李白的《静夜思》的第 1 句"床前明月光"为例，介绍机器作诗是如何被规范成一个关于 X 和 Y 的回归分析问题的。

第一个字是"床"，这个"床"是非常随意地想到的，可以认为这是李白生活阅历形成的一个先验概率，于是以"床"为 X 做一个回归分析，预测它的下一个字是什么的可能性最大。每个人都有不同的模型，而李白认为给定 X 是"床"，Y 应该是"前"，形成了一个词叫作"床前"，紧接着他又往下写，给定 X 是"床前"，李白想到下一个词 Y 应该是"明月"，这说明在他的回归分析中，给定 X 等于"床前"，而 Y 等于"明月"的条件概率是最高的。

　　这种计算过程可能根深蒂固在一个诗人的内在艺术修养中,他自己都意识不到这是能在数学上表达出来的故事。给定 X 是"床前明月"之后,Y 最后是"光",于是就形成了"床前明月光",这就是一个最简单的把写诗规范成 X 和 Y 的回归分析问题,如图 7.9 所示。

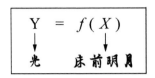

图 7.9　机器作诗就是关于 X 和 Y 的回归分析问题

　　一个优秀的诗人在做一句诗的时候,不仅要考虑这一句,还要结合下一句的信息,如"疑是地上霜",甚至还要考虑到平仄的关系。所有的这些都可以认为是 X 变量,X 考虑得越充分,预测出的 Y 越有可能形成一首好诗。所以作诗其实就是回归分析,可以用回归分析相关的方法解决,图 7.10 为简单的实现方法。

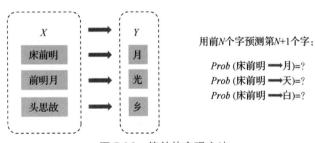

图 7.10　简单的实现方法

　　作为一个逻辑回归预测问题,有读者可能会问"床前明月光"的"床"是怎么预测出来的?它前面没有字。假设考虑一种特别简单的情形,即这里的 X 永远只考虑前 3 个字,然后预测下一个字。那么对于"床",我们会人为地在它前面赋予 3 个字,例如,叫作 AAA。这当然是毫无意义的,但可以保证程序运行起来。通过该方法,就可以把刚才特别抽象的作诗理念转化为更加具体的,在操作层面可以被执行的逻辑回归问题。这个问题的分类变量 Y 是不同的字,X 是在 Y 这个字前面的 3 个字,如果前面不够 3 个字,就补充一些毫无意义的字母符号。这就是逻辑回归作诗的原理。

7.2.2　原理实现:数据处理

　　下面介绍文本序列数据的预处理过程,具体内容包括:数据读入与展示、数据预处理、从原始数据到矩阵、从字符到数字的映射字典和数字矩阵的结果展示。

1. 数据读入与展示

本案例用到的训练数据集为 poems_clean.txt,该数据集收集了古代文人墨客的优美诗句,本章的后续内容都会使用该数据集进行模型训练。使用 pd.read_table 命令读入数据并展示前 5 行。具体如代码示例 7-7 所示。其中每行代表一首诗，以第 1 首诗为例，它叫"首春"，这是标题，标题后面是诗的内容，于是第一首诗就是："首春：寒随穷律变，春逐鸟声开。初风飘带柳，晚雪间花梅。碧林青旧竹，绿沼翠新苔。芝田初雁去，绮树巧莺来。"

代码示例 7-7：读入文本数据

```
# 使用 pandas 读入数据
import pandas as pd
poems_text = pd.read_table('./poems_clean.txt', header=None)
poems_text.columns = ["text"]
poems_text.head()
```

输出结果为：

	text
0	首春:寒随穷律变 春逐鸟声开 初风飘带柳 晚雪间花梅 碧林青旧竹 绿沼翠新苔 芝田初雁去 绮...
1	初晴落景:晚霞聊自怡 初晴弥可喜 日晃百花色 风动千林翠 池鱼跃不同 园鸟声还异 寄言博通者...
2	度秋:夏律昨留灰 秋箭今移晷 峨嵋岫初出 洞庭波渐起 桂白发幽岩 菊黄开灞涘 运流方可叹 含...
3	仪鸾殿早秋:寒惊蓟门叶 秋发小山枝 松阴背日转 竹影避风移 提壶菊花岸 高兴芙蓉池 欲知凉气...
4	山阁晚秋:山亭秋色满 岩牖凉风度 疏兰尚染烟 残菊犹承露 古石衣新苔 新巢封古树 历览情无极...

2. 数据预处理

数据预处理主要有两个工作：一是把每首诗的标题去掉；二是在每首诗的第一个字前面补齐 3 个无意义的字符，如 bbb。以原始数据《静夜思》为例：床前明月光，疑是地上霜。举头望明月，低头思故乡。数据全部清理完之后变成了一个带着顺序的汉字字符串，如图 7.11 所示。这个字符串念下来是：bbb 床前明月光疑是地上霜举头望明月低头思故乡。中间没有空格。这就是最后能够用来建模的数据形式。

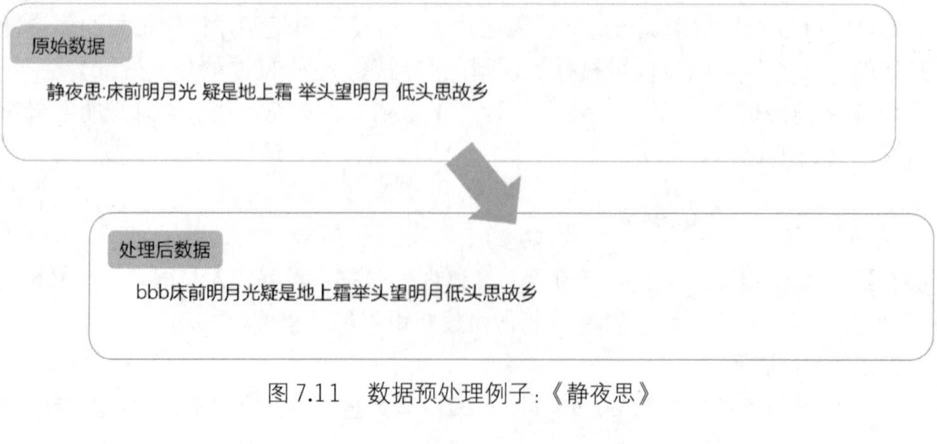

原始数据

　静夜思:床前明月光 疑是地上霜 举头望明月 低头思故乡

处理后数据

　bbb床前明月光疑是地上霜举头望明月低头思故乡

图 7.11　数据预处理例子:《静夜思》

（1）去标题操作。加载 string 包，初始化一个空的列表，并命名为 poems_new。对 text 进行逐行操作，以冒号为分隔符切分字符串，用到的函数是.split。切分后第 1 部分为 title，是诗的题目；第 2 部分为 poems，是诗的内容。replace 函数进行去空格处理。这之后，poems 变成了一个完整的，没有空格、冒号和 title 的，只关乎内容的字符串。

（2）补齐操作。在上述字符串前面加上 3 个 b，此时 poems 形成了一个新的字符串。然后用 list 函数将它变成一个列表，将其附加到 poem_new 上。

上述两步的操作具体如代码示例 7-8 所示。

代码示例 7-8：数据预处理

```
import string
import numpy as np
poems_new = []
for line in poems_text['text']:
    title, poem = line.split(':')
    poem = poem.replace(' ', '')
    poem = 'bbb' + poem
    poems_new.append(list(poem))
```

3．从原始数据到矩阵

回归分析的输入一定是个矩阵，而 poem_new 是个嵌套了列表的列表，这不符合 TensorFlow 的要求，因此需要在此基础上生成一个关于 X 和 Y 的矩阵。

首先初始化一个矩阵 XY，接下来对 poems_new 中的每一首诗进行循环操作，循环的次数就是诗的长度。定义 3 个 x 变量，其中，x_1 是第 i 个字，x_2 是第 $i+1$ 个字，x_3 是第 $i+2$ 个字，也就是说 x_1、x_2 和 x_3 是 3 个当前的字，Y 就是第 $i+3$ 字。最后将这 4 个变量存放在 XY 矩阵里。

于是就把一首诗拆成了好几个关于 X 和 Y 的样本。如果有很多诗，就能生成很多这样的 X 和 Y。如果原始数据是《静夜思》这首诗，则转换成矩阵形式的训练数据如代码示例 7-9 所示。

代码示例 7-9：从原始数据到矩阵

```
XY =[]
for poem in poems_new:
    for i in range(len(poem) - 3):
        x1 = poem[i]
        x2 = poem[i+1]
        x3 = poem[i+2]

        y = poem[i+3]
        XY.append([x1, x2, x3, y])
print("原始诗句: ")
print(poems_text['text'][3864])
```

```
print("\n")
print("训练数据: ")
print(["X1", "X2", "X3", "Y"])
for i in range(132763, 132773):
    print(XY[i])
```

输出结果为：

原始诗句：
静夜思：床前明月光 疑是地上霜 举头望明月 低头思故乡

训练数据：
```
['X1', 'X2', 'X3', 'Y']
['b', 'b', 'b', '床']
['b', 'b', '床', '前']
['b', '床', '前', '明']
['床', '前', '明', '月']
['前', '明', '月', '光']
['明', '月', '光', '疑']
['月', '光', '疑', '是']
['光', '疑', '是', '地']
['疑', '是', '地', '上']
['是', '地', '上', '霜']
```

4. Tokenizer：从字符到数字的映射字典

由于 TensorFlow 不能处理非数值型的向量或矩阵，所以需要把每一个涉及到的汉字或者英文字符用一个整数 token 代替。可以把 token 简单地理解成学号。假设有一个大班级，班级里有很多同学，每位同学有自己的名字，为方便管理，老师要给每人规定一个学号，于是 Tokenizer 就建立了一个对应关系，如小写的 b 就是 1，"床"这个字就是 2，以此类推。

通过 Tokenizer()初始化一个新的 Tokenizer，然后利用命令 fit_on_texts 转换 poems_new 中的字。通过 tokenizer.word_index 查看对应关系，可以看到，小写的 b 对应 1 号，"不"对应 2 号，"人"对应 3 号。len 函数用于计算一共有多少种对应关系，计算出来之后，由于技术上的原因，加上一个 1，赋给一个新的变量 vocab_size，该变量就好比字典的规格一样。具体如代码示例 7-10 所示。

代码示例 7-10：建立从字符到数字的映射

```
from keras.preprocessing.text import Tokenizer
tokenizer = Tokenizer()
tokenizer.fit_on_texts(poems_new)
print(tokenizer.word_index)

vocab_size = len(tokenizer.word_index) + 1
```

输出结果为：

```
'吏': 631, '尊': 632, '壁': 633, '彩': 634, '计': 635, '必': 636, '冰': 637,
'浅': 638, '悬': 639, '蜀': 640, '原': 641, '危': 642, '棹': 643, '把': 644,
'催': 645, '泛': 646, '府': 647, '兼': 648, '访': 649, '怨': 650, '但': 651,
'携': 652, '赏': 653, '收': 654, '倾': 655, '侯': 656, '斗': 657, '题': 658,
'美': 659, '消': 660, '句': 661, '肠': 662, '凝': 663, '荷': 664, '诸': 665,
'烛': 666, '端': 667, '口': 668, '八': 669, '每': 670, '塘': 671, '变': 672,
'昨': 673, '目': 674, '盘': 675, '宝': 676, '室': 677, '鼓': 678, '巴': 679,
'泥': 680, '丛': 681, '沾': 682, '藏': 683, '失': 684, '宽': 685, '滴': 686,
'叹': 687, '雾': 688, '举': 689, '承': 690, '翁': 691, '章': 692, '遇': 693,
'舍': 694, '业': 695, '全': 696, '其': 697, '潭': 698, '凭': 699, '扉': 700,
'院': 701, '眉': 702, '调': 703, '桑': 704, '被': 705, '孙': 706, '第': 707,
'羡': 708, '沉': 709, '内': 710, '迢': 711, '攀': 712, '角': 713, '元': 714,
'幸': 715, '姜': 716, '驿': 717, '点': 718, '扫': 719, '冥': 720, '席': 721,
'津': 722, '洞': 723, '良': 724, '赋': 725, '烧': 726, '艳': 727, '荆': 728,
'借': 729, '县': 730, '殊': 731, '勤': 732, '茫': 733, '挂': 734, '晨': 735,
'背': 736, '七': 737, '降': 738, '话': 739, '轮': 740, '竟': 741, '净': 742,
'喧': 743, '指': 744, '封': 745, '骨': 746, '禁': 747, '狂': 748, '禽': 749,
```

5. 数字矩阵的结果演示

接下来需要使用 tokenizer.texts_to_sequences 命令把 *XY* 矩阵中的每一个字符元素按照 tokenizer 中的字典关系一一转换，最后通过 numpy.array 将 *XY* 整理成新的 array，并命名为 xy_digit。其中前 3 列为 *X* 矩阵，最后一列是 *Y*。到此，*XY* 矩阵包括一个三列的 *X* 矩阵和一列的 *Y* 向量，每个元素都是正整数。具体如代码示例 7-11 所示。

代码示例 7-11：数字矩阵

```
XY_digit = np.array(tokenizer.texts_to_sequences(XY))
X_digit = XY_digit[:, :3]
Y_digit = XY_digit[:, 3]
for i in range(132763, 132773):
    print("{:<35}".format(str(XY[i])), "\t", "{:<30}".format(str(list
(X_digit[i]))),"\t", Y_digit[i])
```

输出结果为：

```
['b', 'b', 'b', '床']              [1, 1, 1]          533
['b', 'b', '床', '前']              [1, 1, 533]        73
['b', '床', '前', '明']              [1, 533, 73]       54
['床', '前', '明', '月']              [533, 73, 54]            14
['前', '明', '月', '光']              [73, 54, 14]             141
['明', '月', '光', '疑']              [54, 14, 141]            430
['月', '光', '疑', '是']              [14, 141, 430]           45
['光', '疑', '是', '地']              [141, 430, 45]           114
['疑', '是', '地', '上']              [430, 45, 114]           16
['是', '地', '上', '霜']              [45, 114, 16]            203
```

7.2.3 原理实现：逻辑回归

经过前面复杂的数据处理工作后，下面正式介绍用逻辑回归作诗的代码实现。

1. 词嵌入的必要性

X 矩阵看似都是整数，但其实里面的数字只是一个抽象的中文或者英文字符的标号，并不能进行加减乘除运算，它仅仅表示一个分类而已。如果把 X 中的数字作为纯粹的分类变量，建立和 Y 之间的关系，需要消耗的参数会非常多。

考虑一个简单的例子。如图 7.12 所示，假设 X 是前面一个字，预测后面一个字 Y，这就需要建立从任何一个汉字 X 出发，形成下一个汉字 Y 的条件概率。假设起点有 1 000 个不同的 X，终点有 1 000 个不同的 Y，此时需要的参数个数就是 1 000×1 000，至少 100 万。

如果换一种思路，将每个汉字嵌套到一个维度为 100 的虚拟空间中，这时每个抽象的汉字或者英文字符就具有了一个数量化的向量。原来是从 1 000 个起点到 1 000 个终点的转移矩阵问题，需要 100 万个参数，现在变成了从一个维度为 100 的向量矩阵出发，到 1 000 个不同的 Y 的分类问题。如果用逻辑回归解决，这等价于，给定一个长度为 100 的向量，最后消耗的参数个数总数量级大概是 100×1 000=10 万。10 万个参数比刚才的 100 万个参数小很多。这个例子告诉我们，用逻辑回归解决汉字预测问题，词嵌入是必须做的。

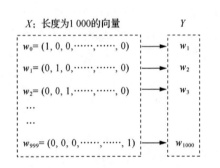 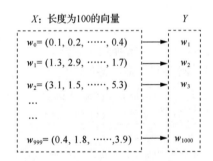

（a）不进行词嵌入　　　　　　　　　　（b）进行词嵌入

图 7.12 不进行词嵌入和进行词嵌入消耗参数个数对比

2. 词嵌入与逻辑回归的代码实现

从代码上看，有两种不同的词嵌入解决方案。

（1）用一个独立的文本学习每个词在虚拟空间中的相对位置，然后将学习出来的位置坐标作为 X 变量直接嵌套在模型里。这样做的好处是可以把词嵌入和后面的模型建立两个过程分开。其中词嵌入产生的向量有比较强的通用性，任何地方都可以用，但缺点是它太通用了，可能对于这个特定的任务不是最优的。

（2）把词嵌入直接嵌入后面的逻辑回归模型中，然后让模型和算法按照一定的标准自动寻找最好的嵌入参数和位置表达。此时整个模型的设计就是为了写诗，所以此时的词嵌入为每个词找到了最好的虚拟空间位置，对写诗而言是最好的。但付出的代价是，这里找到的嵌入位置应用在另外一个场合下，可能就不是最优的了。

两个方案各有优缺点，对于本案例而言，方案 2 是一个更好的实现方案。采取该方案，定义输入 inp 是一个长度为 3 的向量，然后将输入 inp 通过 Embedding 命令嵌入虚拟空间中。Embedding 函数有两个参数，一个是虚拟空间维度，即 hidden_size，另一个是有多少个不同的字，即 vocab_size。经过 Embedding 之后，得到矩阵 X，将 X 拉直成一个向量，然后建立一个全连接层输出到 vocab_size，设定激活函数为 Softmax，最后通过 Model 把 inp 和 pred 整合在一起。通过 model.summary 可以查看模型概要。具体如代码示例 7-12 所示。

代码示例 7-12：词嵌入实现逻辑回归

```
from keras.layers import Input, Embedding
from keras.models import Sequential, load_model, Model
from keras.layers import Input, Dense, Activation, Embedding, Flatten
hidden_size = 256

inp = Input(shape=(3,))
x = Embedding(vocab_size, hidden_size)(inp)
x = Flatten()(x)
x = Dense(vocab_size)(x)
pred = Activation('softmax')(x)

model = Model(inp, pred)
model.summary()
```

输出结果为：

Layer (type)	Output Shape	Param #
input_1 (InputLayer)	(None, 3)	0
embedding_1 (Embedding)	(None, 3, 256)	1420032
flatten_1 (Flatten)	(None, 768)	0
dense_1 (Dense)	(None, 5547)	4265643
activation_1 (Activation)	(None, 5547)	0

```
Total params: 5,685,675
Trainable params: 5,685,675
Non-trainable params: 0
```

从代码示例 7-12 所示的模型概要表中可以看到，这里一共有 5 547 个不同的字符类别，虚拟空间的维度是 256，这意味着要把 5 547 个不同的字符对应到 256 维的空间上，因此这个映射需要 5 547×256=1 420 032 个参数，这就是 Embedding_2 这一层消耗的参数个数。而下一层 flatten_2 是拉直操作，并不会消耗参数，它从 3 个长度为 256 的向量，拉直为一个长度为 768 的向量，再以 768 的向量建立一个全连接层输出到 5 547 个分类节点上，消耗的参数个数是 768+1=769，769×5 547=4 265 643，加 1 是因为有截距项。把所有的参数加起来，就是 5 685 675，这是一个巨大的参数消耗量。可想而知，如果不用词嵌入，消耗的参数量会更加巨大。

3．编译运行

接下来是一个非常标准的拟合逻辑回归过程。使用 train_test_split 函数将数据集划分为训练集和测试集，其中，test_size=0.2 说明测试集占 20%，训练集占 80%，设置随机种子为 0。定义损失函数是 sparse_categorical_crossentropy。这里需要注意，以前我们的逻辑回归在编译优化时，损失函数是 categorical_crossentropy，即对数似然函数，这里是 sparse_categorical_crossentropy，也是对数似然函数，它和 categorical_crossentropy 的区别在于，categorical_crossentropy 对应的因变量是 one-hot 编码形式，sparse_categorical_crossentropy 对应的 Y 是一个简单的标签，而不是用一个向量来表示类别。其他参数的设置和以前一样，具体如代码示例 7-13 所示。

代码示例 7-13：模型编译与拟合

```
from sklearn.model_selection import train_test_split
X_train, X_test, Y_train, Y_test = train_test_split(X_digit,Y_digit,test_size=0.2,
random_state=0)

from keras.optimizers import Adam
model.compile(loss='sparse_categorical_crossentropy', optimizer=Adam(lr=0.001))
model.fit(X_train, Y_train, validation_data=(X_test, Y_test), batch_size=10000,
epochs=10)
```

输出结果为：

```
Train on 640404 samples, validate on 160101 samples
Epoch 1/10
640404/640404 [==============================] - 5s 7us/step - loss: 8.1024 - val_loss: 7.0620
Epoch 2/10
640404/640404 [==============================] - 4s 7us/step - loss: 6.9677 - val_loss: 6.9303
Epoch 3/10
640404/640404 [==============================] - 4s 7us/step - loss: 6.8350 - val_loss: 6.7833
Epoch 4/10
640404/640404 [==============================] - 4s 7us/step - loss: 6.6374 - val_loss: 6.6005
Epoch 5/10
640404/640404 [==============================] - 4s 7us/step - loss: 6.4254 - val_loss: 6.4427
Epoch 6/10
640404/640404 [==============================] - 4s 7us/step - loss: 6.2332 - val_loss: 6.3190
Epoch 7/10
640404/640404 [==============================] - 4s 7us/step - loss: 6.0635 - val_loss: 6.2248
Epoch 8/10
640404/640404 [==============================] - 4s 7us/step - loss: 5.9109 - val_loss: 6.1534
Epoch 9/10
640404/640404 [==============================] - 4s 7us/step - loss: 5.7722 - val_loss: 6.0996
Epoch 10/10
640404/640404 [==============================] - 4s 7us/step - loss: 5.6448 - val_loss: 6.0608

<keras.callbacks.History at 0x7f253b865208>
```

从结果可以看到,内样本的 loss 虽然在持续下降,但外样本的 loss 并没有特别大的下降,而且一直保持高于内样本的 loss,这说明模型已经有点过拟合了。所以不要对这个模型有太高的预期,它只是一个教学用的模型,告诉大家基本的思路,想把这个模型真的做好,一定要有更加丰富的 X 变量加进来,不仅要考虑前面的字,还要考虑后面的字,不仅要考虑上一句,还要考虑下一句,不仅要考虑平仄关系,还要考虑其他各种各样的关系。因此这里仅仅是展示。

4.预测结果

以李白的《静夜思》为例,让 sample_text 等于"床前明",然后用 tokenizer.texts_to_sequences 把它变成一个整数的 digit。调用 model.predict,它会立刻给出一个概率的向量 word_prob。word_prob 是一个非常长的概率列表,因为它要对所有 5 547 个字符应该出现在"床前明"这 3 个字后面的概率都计算一遍。大家可以想一下,每个字的概率都是非常小的。可以通过 argmax() 函数得到概率最大的汉字所在的位置,再从 tokenizer.index_word 里将这个汉字索引出来。结果就是"月"字,跟李白写的一模一样。"月"这个字出现在"床前明"后的概率是 29.37%,在这个案例的设定下,已经是非常大的概率了。具体如代码示例 7-14 所示。

代码示例 7-14:模型预测

```
sample_text = ['床', '前', '明']
print(sample_text)
sample_index = tokenizer.texts_to_sequences(sample_text)
print(sample_index)
word_prob = model.predict(np.array(sample_index).reshape(1, 3))[0]
print(tokenizer.index_word[word_prob.argmax()], word_prob.max())
```

输出结果为:

```
['床', '前', '明']
[[533], [73], [54]]
月 0.29370514
```

5.使用逻辑回归写藏头诗

也许细心的读者会发现用我们的模型成功预测出"床前明"之后的字是"月"没有太大的说服力,因为"床前明月光"是训练数据中已经存在的千古名句,因此能够通过"床前明"预测"月"。有没有可能通过现在训练好的模型做一首全新的诗,并且是一首藏头诗,比如开头每句的第一个字连起来是"熊大很帅"。

具体而言,需要生成一个字符串,这个字符串表达了想写的诗的内容。如果它是一个五言绝句,每句话的第一个字分别是"熊、大、很、帅"。因此,这个字符串为"bbb 熊****大****很****帅****",其中*表示还不知道这个字是什么,需要调用逻辑回归模型来创作。具体的代码编写过程如下。

(1)初始化一个 poem_index,用于记录在这首诗创作过程中,Tokenizer 中字符和整数的对应关系。

（2）用 poem_text 记录诗的创作过程，循环结束后，poem_text 就是完整的诗。

（3）对 poem_incomplete 的每个字符做循环。具体思路是，如果当前这个字符不是*，就可以用 tokenizer.word_index 命令将其变成一个整数（也就是 Tokenizer 字典中对应的编号）；相反，如果这个字符是*，就需要调用逻辑回归模型预测。

（4）poem_index 的前 3 个位置作为 X 输入给模型，model.predict 给出 Y 值。Y 刻画了给定前面 3 个字，下一个字出现的概率。

（5）提取概率最大的字符的位置，然后通过 tokenizer.index_word 将其索引到相应位置。将预测出的字提取出来，赋值给 current_word。

（6）将 index 拼接到 poem_index 中，用于记录诗歌创作过程中，字符对应的编号。

（7）把 current_word 加到 poem_text 中，这就是最后创作的诗歌。其中 poem_text 的前 3 个字是 bbb，需要去掉。

上述代码编写的过程如代码示例 7-15 所示。

代码示例 7-15：藏头诗代码

```
poem_incomplete = 'bbb 熊****大****很****帅****'
poem_index = []
poem_text = ''
for i in range(len(poem_incomplete)):
    current_word = poem_incomplete[i]

    if current_word != '*':
        # 给定的词
        index = tokenizer.word_index[current_word]
    else:
        # 根据前 3 个词预测 *
        x = poem_index[-3:]
        y = model.predict(np.expand_dims(x, axis=0))[0]
        index = y.argmax()
        current_word = tokenizer.index_word[index]


    poem_index.append(index)
    poem_text = poem_text + current_word


poem_text = poem_text[3:]
print(poem_text[0:5])
print(poem_text[5:10])
print(poem_text[10:15])
print(poem_text[15:20])
```

输出结果为：

```
熊马蹄迟迟
大夫子不知
```

很氏者何处
帅相思不可

在大多数情况下，作出的诗是没有意义的，这说明我们的模型还不够好，但是作为第一次接触文本序列、词嵌入和逻辑回归多分类问题，机器作诗的起点是非常有意义的。本案例呈现了完整的理论和技术框架，从这开始，后续可再进行更为复杂的模型探索。

7.3　机器作诗进阶 1：RNN

7.2 节用词嵌入加上普通逻辑回归，实现了机器作诗。其实词嵌入再加上之前学过的各种卷积神经网络模型，都可以达到写诗的目的。本节探讨一种更加一般化的模型方法：循环神经网络（Recurrent Neural Network，RNN）。

7.3.1　RNN 前期知识

在介绍什么是 RNN 及其原理之前，首先需要一些预备知识，这些知识包括逻辑回归模型作诗的缺点及其改进方向和状态空间模型。

1．逻辑回归模型作诗的两个缺点

（1）它的输入特征矩阵 X 的长度必须是固定的。于是产生一个问题：输入长度能否任意？所谓自然语言，本质上就是关于词和字的一个序列，甚至再严格一点，可以叫作时间序列，因为它带着顺序。"床前明月光"，"床"就得在"前"的前面，"前"在"明"的前面，"明"在"月"的前面，"月"在"光"的前面。如果顺序打乱，就没有意义了。沿着一定顺序产生的时间序列的长度可长可短，这是自然语言的典型特征，所以应该有一个方法，使得输入长度可以任意，这是需要改进的第 1 个方向。

（2）它的输入没有记忆性。如图 7.13 所示，用"前明月"预测"光"的时候，Y 是光，3 个 X 分别是前 1 个字、前 2 个字和前 3 个字，并没有"床"这个字。如果没有"床"这个字，"前明月光"就没有什么意义。所以从模型的角度，这又是一个缺点。既然是时间序列，那么当这个序列演进到当前时，除了受当前所有输入的新特征影响之外，还应该受过去大量历史信息的综合影响。因此模型必须具有记忆性，要对历史有记忆。这是要改进的第 2 个方向。

因此，一个更好的写诗模型，需要同时兼顾上述两个改进方向。

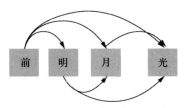

图 7.13　床前明月光的预测

2. 状态空间模型

一个在数学上非常优美的框架可以被直接套用来研究文本时间序列写诗问题，这就是状态空间模型（State Space Model）。它是动态时域模型，以隐含着的时间为自变量。其中 state 是指状态，space 是指空间。接下来仍然用写诗的例子阐述状态空间模型的数学原理。

以写诗为例。在一个状态空间模型的框架下，如果要预测"乡"字，我们首先要理解，在"乡"这个位置上，当时诗人的心情状态是什么。该状态就是状态空间中的状态，定义为 Z_{t+1}，所以 Z_{t+1} 刻画了诗人李白在创作最后一个字时，各方面的综合状态，这个状态可能非常复杂，难以用任何一个单一的数字表达，因此 Z_{t+1} 可能是一个维数比较高的向量。在实践中，这个向量的维度可能依赖于样本量的大小，但一般的原则是它比较高，但也不能太高。

当李白创作到最后一个字的时候，他的精神状态由两部分组成，第一，李白在最后一个字，也就是 $t+1$ 时刻的状态，一定是 t 时刻状态的延续，t 时刻的状态就是 Z_t，因此 Z_{t+1} 一定是 Z_t 的一个函数。但是 Z_{t+1} 和 Z_t 又不一样，这是因为诗人在 t 时刻因为前一时刻创作了一个新的字叫作"故"。所以李白在创作最后一个字的时候，从统计的角度，他的 Z_{t+1} 由前一时刻的状态 Z_t 和他最近创造的"故"这个 X_t 综合而成，因此在数学上，Z_{t+1} 是 X_t 和 Z_t 的某种函数，这个函数可简单、可复杂，依赖于具体的应用场景。

给定状态 Z_{t+1}，建立 Z_{t+1} 和 X_{t+1} 之间的函数关系，其中 X_{t+1} 是等于各种字的概率，如等于"乡"的概率。也许经过大量的计算，在诗人的脑子里做了各种各样的深度学习模型后，他认为产生"乡"的概率是最大的，因此最后一个时刻，X_{t+1} 等于"乡"的概率是诗人最后时刻状态 Z_{t+1} 的一个函数，此时诗人完成了从状态 Z_{t+1} 到最后 X_{t+1} 等于"乡"的变化。

如果这首诗继续做下去，最后一个字"乡"又成了一个新的输入，它和 $t+1$ 时刻的状态综合在一起又会产生 $t+2$ 时刻的状态，$t+2$ 时刻的状态会产生 $t+2$ 时刻新创作出来的字……这个逻辑不断地重复下去，一个文本的时间序列就被创作出来了。整个创作过程在任何单点上都依赖于状态的计算以及状态到字的变化，而这个状态综合考虑了最近一个时刻的信息，以及整个历史沉淀下来的所有信息，所以状态就是对历史信息的综合，它代表了所有的历史信息。在数学上，最简单而精确的表达就是，基于状态 Z_t 和当前时刻 X_t 的信息会产生下一个时刻的状态，这就是状态空间模型。

7.3.2 RNN 模型

具体到深度学习领域，人们创造了一种新的模型，叫作循环神经网络（Recurrent Neural Network，RNN）。可以把它看作状态空间模型在文本序列数据上的一种具体的实现方法。它的核心思想是不断地保留与传递历史信息，而保留和传递的载体就是状态。状态能够沉淀非常丰富的历史信息，有助于整个序列合理精确地向前演进。

1. RNN 模型结构

RNN 是最早由认知科学以及计算神经科学的研究人员提出，并得到广泛应用的一个非常成功的模型方法。图 7.14 列出了一些相对早期的文献，有兴趣的读者可以查阅。简单总结一下，RNN 是用来处理自然语言中文本时间序列的一个方法，这个方法的核心思想就是状态空间模型，即通过状态这个变量，把历史信息非常优美而简洁地沉淀下来，并且通过合理的数学模型演进迭代，不停地改善。

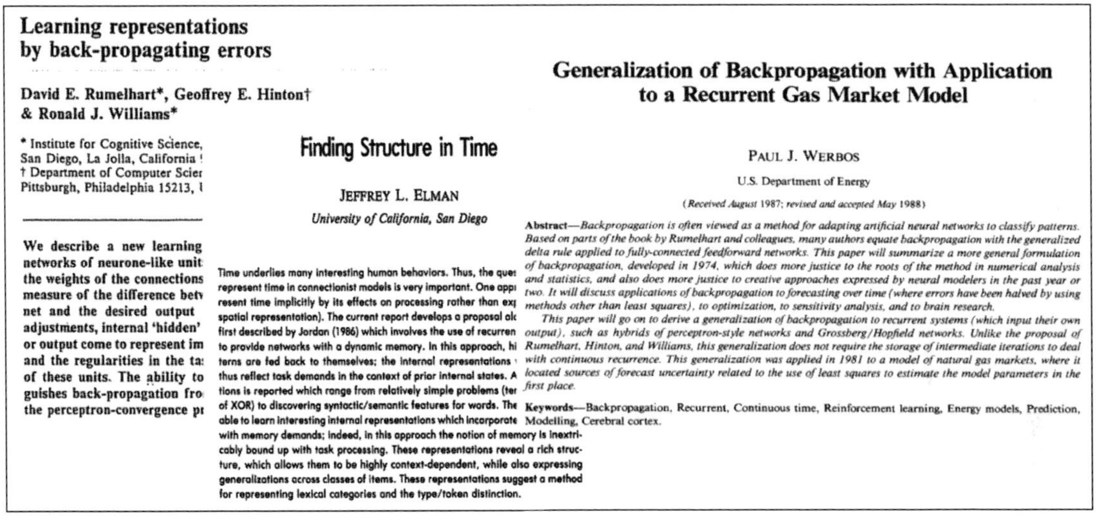

Learning representations by back-propagating errors

David E. Rumelhart*, Geoffrey E. Hinton†
& Ronald J. Williams*

* Institute for Cognitive Science,
San Diego, La Jolla, California
† Department of Computer Scie
Pittsburgh, Philadelphia 15213,

We describe a new learning
networks of neurone-like unit
the weights of the connections
measure of the difference betv
net and the desired output
adjustments, internal 'hidden'
or output come to represent im
and the regularities in the ta
of these units. The ability to
guishes back-propagation fro
the perceptron-convergence pı

Finding Structure in Time

JEFFREY L. ELMAN

University of California, San Diego

Time underlies many interesting human behaviors. Thus, the ques
represent time in connectionist models is very important. One app
resent time implicitly by its effects on processing rather than ex
spatial representation). The current report develops a proposal al
first described by Jordan (1986) which involves the use of recurren
to provide networks with a dynamic memory. In this approach, hi
terns are fed back to themselves; the internal representations
thus reflect task demands in the context of prior internal states. A
tions is reported which range from relatively simple problems (ter
of XOR) to discovering syntactic/semantic features for words. The
able to learn interesting internal representations which incorporate
with memory demands; indeed, in this approach the notion of memory is inextri-
cably bound up with task processing. These representations reveal a rich struc-
ture, which allows them to be highly context-dependent, while also expressing
generalizations across classes of items. These representations suggest a method
for representing lexical categories and the type/token distinction.

Generalization of Backpropagation with Application to a Recurrent Gas Market Model

PAUL J. WERBOS

U.S. Department of Energy

(Received August 1987; revised and accepted May 1988)

Abstract—*Backpropagation is often viewed as a method for adapting artificial neural networks to classify patterns. Based on parts of the book by Rumelhart and colleagues, many authors equate backpropagation with the generalized delta rule applied to fully-connected feedforward networks. This paper will summarize a more general formulation of backpropagation, developed in 1974, which does more justice to the roots of the method in numerical analysis and statistics, and also does more justice to creative approaches expressed by neural modelers in the past year or two. It will discuss applications of backpropagation to forecasting over time (where errors have been halved by using methods other than least squares), to optimization, to sensitivity analysis, and to brain research.*

This paper will go on to derive a generalization of backpropagation to recurrent systems (which input their own output), such as hybrids of perceptron-style networks and Grossberg/Hopfield networks. Unlike the proposal of Rumelhart, Hinton, and Williams, this generalization does not require the storage of intermediate iterations to deal with continuous recurrence. This generalization was applied in 1981 to a model of natural gas markets, where it located sources of forecast uncertainty related to the use of least squares to estimate the model parameters in the first place.

Keywords—Backpropagation, Recurrent, Continuous time, Reinforcement learning, Energy models, Prediction, Modelling, Cerebral cortex.

图 7.14 RNN 相关文献

接下来，仍然结合“静夜思”这个案例，解析 RNN 的模型结构。如图 7.15 所示，第 1 句“床前明月光”是由长度为 5 的汉字构成的时间序列，我们把它记作：X_0 是床，X_1 是前，X_2 是明，X_3 是月，于是空间中就有一个随机变量的序列 X_0，X_1，X_2，X_3。与空间匹配的是在每一个时间点上，还有一个状态叫作 Z_t，Z_t 可以直观地理解为李白在 t 时刻的精神状态，这个 t 时刻是指诗人已经创造到了第 t 个汉字，因此状态 Z 也有一个时间序列 Z_0，Z_1，Z_2，Z_3。由于我们认为诗人的精神状态是非常丰富、复杂并且难以琢磨的，因此状态 Z 的维度不能太低，它的维度通常依赖于样本量。

扫一扫

RNN 创作诗歌过程

2. RNN 创作诗歌过程

根据 RNN 模型结构，首先在 0 时刻，需要有一个初始状态，数学上这个初始状态就是按照一个先验概率随机生成。定义初始状态为 Z_0，给定状态 Z_0，李白创造了第一个字 X_0（床）。接着，综合 X_0 和 Z_0 时的状态继续延续，经过一个非线性变换，产生了下一个字的状态 Z_1，这时他创作出了第 2 个字 X_1“前”，于是就有了“床前”。接下来，综合 X_1 和 Z_1 时的状态继续延续，经过一个非线性变换，产生了下一个字的状态 Z_2，而 Z_2 产生了第 3 个字“明”。这样的过程如此往复循环下去，于是李白创作了《静夜思》。

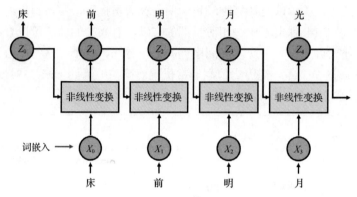

图 7.15　RNN 模型解析

以上就是通过 RNN 模型框架写诗的模拟，这里还涉及一些重要的问题。首先，将"床前明月"这 4 个字变成 X_0，X_1，X_2，X_3 时，用了词嵌入技术。也就是说，算法中 X_0 不是"床"这个字，而是一个向量，X_1 也不是"前"这个字，也是一个向量，同理，X_2 和 X_3 也一样。

其次，关于图 7.15 中非线性变换的说明。以 Z_{t+1} 为例，因为它是 t 时刻状态 Z_t 的延续，并且增加了来自 X_t 的信息，所以 Z_t 本身是状态空间的一个向量，X_t 经过词嵌入之后，变成虚拟词汇空间中的一个向量，X_t 和 Z_t 的长度可能不一样。接下来对它们进行某种线性组合，这个线性组合的权重矩阵用 W_1 和 W_2 表示，再对这个线性组合施加一个非线性变换 f，这就是图 7.15 所示的非线性变换。

7.3.3　原理实现：数据处理

本节仍然用 7.2 节的诗歌数据 poems_clean.txt 演示 RNN 模型作诗。在这之前需要做一定的数据处理工作，包括数据读入与展示、处理"长短不一"、矩阵拆分以及 one-hot 编码。

1．数据读入与展示

数据读入代码与 7.2 节基本一致，在此不做过多解释。读入之后，展示 poems 中的第一个元素，它是一个列表。具体如代码示例 7-16 所示。

代码示例 7-16：读入并展示数据

```
import string
import numpy as np

f = open('poems_clean.txt', "r", encoding='utf-8')
poems = []
for line in f.readlines():
    title, poem = line.split(':')
    poem = poem.replace(' ', '')
    poem = poem.replace('\n', '')
```

```
    poems.append(list(poem))
print(poems[0][:])
```

输出结果为：

['寒', '随', '穷', '律', '变', '春', '逐', '鸟', '声', '开', '初', '风', '飘',
'带', '柳', '晚', '雪', '间', '花', '梅', '碧', '林', '青', '旧', '竹', '绿', '沼', '翠',
'新', '苔', '芝', '田', '初', '雁', '去', '绮', '树', '巧', '莺', '来']

接下来，继续重复 7.2 节的内容，即文字的编码 Tokenizer，具体技术细节不再赘述。最终的文本数据包含 5 546 个不同的汉字。具体如代码示例 7-17 所示。

代码示例 7-17：Tokenizer 编码

```
from keras.preprocessing.text import Tokenizer
from keras.preprocessing.sequence import pad_sequences

tokenizer = Tokenizer()
tokenizer.fit_on_texts(poems)
poems_digit = tokenizer.texts_to_sequences(poems)
vocab_size = len(tokenizer.word_index) + 1
vocab_size
```

2．处理"长短不一"

接下来，要处理一个不同于逻辑回归的技术细节。RNN 作为一个用来处理文本时间序列的方法，理论上它允许输入，即诗歌的长度是任意的，但是具体到操作层面，要采取一些技巧。这是因为 TensorFlow 的框架是基于一般化的矩阵进行计算，而 Tensor 的特点是各个维度非常整齐，不允许有长短不一的情况出现。在本案例中，不同的诗歌字数也不同。例如，《静夜思》有 20 个字，而《春望》有 40 个字，如果把两首诗放在一个整体的矩阵框架下，就会出现长短不一的情况。

该问题的处理办法就是补零。在《静夜思》的后面补上足够多的 0，使《静夜思》和《春望》看起来长度是一样的，如图 7.16 所示。在这个例子，我们发现每一首诗都是不超过 50 个字的。因此可以做一个假设，每一首诗的输入都被看作 50 个字，不够 50 个字的地方用 0 补齐，这样才能生成符合规范的数据结构。

图 7.16　在诗歌后面"补零"

函数 pad_sequence 完成补零的工作。该函数有两个参数，第一个是 maxlen=50，声明诗歌长度都为 50，长度不够的用 0 补齐；第 2 个参数 padding='post'，声明补零的方式，把 0 补在原来诗歌的后面。例如，原始诗歌是《静夜思》，储存在 poems，编码补齐后，诗歌储存在 poems_digit 中。可以打印出来看到二者的对比，具体如代码示例 7-18 所示。

代码示例 7-18：补零操作

```
poems_digit = pad_sequences(poems_digit, maxlen=50, padding='post')
print("原始诗歌")
print(poems[3864])
print("\n")
print("编码+补全后的结果")
print(poems_digit[3864])
```

输出结果为：

```
原始诗歌
['床', '前', '明', '月', '光', '疑', '是', '地', '上', '霜', '举', '头', '望', '明',
'月', '低', '头', '思', '故', '乡']

编码+补全后的结果
[532  72  53  13 140 429  44 113  15 202 688 128 106  53  13 502 128  75
 134 169   0   0   0   0   0   0   0   0   0   0   0   0   0   0   0   0
   0   0   0   0   0   0   0   0   0   0   0   0   0   0]
```

3. 矩阵拆分

接下来需要把 poems_digit 矩阵拆分成 X 和 Y。因为在 RNN 的预测中，每次预测下一个字时，需要两个信息，一个是看不见的隐含状态 Z，另一个是看得见的当期输入 X。因为隐含的状态程序会自动处理，所以需要准确地告诉程序 Y 是什么，X 是什么。因此需要做合理的拆分。在本案例中，因为 poems_digit 一共是 50 列，而这 50 列本身就带着顺序，第 1 列是第 1 个字，第 2 列是第 2 个字，一直到第 50 个字。所以只需把最后一列去掉，前 49 列就是 X，把第 1 列去掉，后 49 列就是每一个 X 对应的 Y。

为了给大家直观的感觉，把 X 和 Y 矩阵中第 0 行的前 10 个字打印出来。如代码示例 7-19 所示。可以看到，X 是 42，Y 是 180，一旦 Y 是 180，下一个 X 一定也是 180，以此类推。这样的 X 和 Y 一共有 24 117 行，49 列。

代码示例 7-19：矩阵拆分

```
X = poems_digit[:, :-1]
Y = poems_digit[:, 1:]

print(poems_digit.shape)
print(X.shape)
print(Y.shape)

print("X 示例", "\t", "Y 示例")

for i in range(10):
    print(X[0][i], "\t", Y[0][i])

print("...", "\t", "...")
```

输出结果为：

```
(24117, 50)
(24117, 49)
(24117, 49)
X示例        Y示例
42          180
180         401
401         1143
1143        671
671         9
9           331
331         130
130         58
58          84
84          177
...         ...
```

4．one-hot 编码

数据准备的最后一步是将 Y 变成 one-hot 向量形式。通过 vocab_size 可以知道这个字典一共有 5 546 个不同的字。使用 to_categorical 命令实现对 Y 的 one-hot 编码转换。经过 one-hot 变换之后，Y 不再是个二维的矩阵，它是一个三维立体的 tensor，维数为 24 117×49×5 546，其中 5 546 是 vocab_size 的维度，代表类别数。具体如代码示例 7-20 所示。

代码示例 7-20：one-hot 编码

```
print(vocab_size)
from keras.utils import to_categorical
Y = to_categorical(Y, num_classes=vocab_size)
print(Y.shape)
```

输出结果为：

```
5546
(24117, 49, 5546)
```

至此，所有的数据准备工作就完成了。接下来定义两个变量，其中 embedding_size 控制词嵌入时虚拟空间的维度，hidden_size 控制状态空间的维度。两个变量维度的确定没有客观标准，需要不断地尝试。具体如代码示例 7-21 所示。

代码示例 7-21：定义虚拟空间维度

```
from keras.models import Model
from keras.layers import Input, SimpleRNN, Dense, Embedding, Activation,
BatchNormalization
embedding_size = 64
hidden_size = 128
```

7.3.4 原理实现：RNN 作诗

下面介绍如何利用 Keras 实现 RNN 模型作诗。

1. RNN 代码实现

RNN 的输入是长度为 49 维的向量，使用 Input 函数赋值给 inp 变量，然后对 inp 进行词嵌入操作，使用函数 Embedding，其中 vocab_size 控制字符数，embedding_size 控制虚拟空间的维数，mask_zero=True 表示不处理 0。对 embedding 之后的 X 做一个简单的 RNN 模型，使用 SimpleRNN 函数，其中 hidden_size 控制状态空间的维度，return_sequence=True 表示要输出整个时间序列，即 49 维的向量。最后，使用 Dense 函数定义一个全连接层，定义 Softmax 激活函数，输出最大概率。使用 Model 函数，连接输入 inp 和 pred，就得到了最后的 RNN 模型。具体如代码示例 7-22 所示。

代码示例 7-22：RNN 模型代码

```
inp = Input(shape=(49,))
x = Embedding(vocab_size, embedding_size, mask_zero=True)(inp)
x = SimpleRNN(hidden_size,return_sequences=True)(x)
x = Dense(vocab_size)(x)
pred = Activation('softmax')(x)

model = Model(inp, pred)
model.summary()
```

输出结果为：

Layer (type)	Output Shape	Param #
input_1 (InputLayer)	(None, 49)	0
embedding_1 (Embedding)	(None, 49, 64)	354944
simple_rnn_1 (SimpleRNN)	(None, 49, 128)	24704
dense_1 (Dense)	(None, 49, 5546)	715434
activation_1 (Activation)	(None, 49, 5546)	0

```
Total params: 1,095,082
Trainable params: 1,095,082
Non-trainable params: 0
```

接下来具体解读模型概要表中关于参数个数的计算。首先需要知道 3 个前提条件。第一，数据中一共有 5 546 个不同的字符；第二，做词嵌入时，虚拟空间的维度是 64；第三，状态空间的维度是 128。在这 3 个前提条件下，计算消耗参数个数的情况。

（1）Embedding 层。即指词嵌入消耗了多少个参数，这个过程把 5 546 个字符映射到 64 维的空间，因此要消耗 5 546×64=354 944 个参数。

（2）SimpleRNN 层。即指 RNN 模型消耗的参数，这里隐含的状态是 128 维。把词嵌入得到的 64 维向量转换到 128 维向量，中间需要一个 64×128 的转换矩阵，此时消耗的参数个数是 128×64。同理，需要状态的延续，即把 Z_t 延续到 Z_{t+1}，因此需要把一个 128 维的向量转换为另一个 128 维的向量，这需要一个 128×128 维度的转换矩阵。最后，还需要 128 个截距项。所以，RNN 层消耗的总参数个数是 64×128+128×128+128=24 704。

（3）Dense 层。即指全连接层，RNN 输出的状态是长度为 128 的向量，我们需要基于长度为 128 的向量完成一个 5 546 分类问题，需要的参数个数是 5 546×128+5 546=715 434。

最后进行模型的编译运行。这部分比较简单，和以前一样，细节不再赘述。最后的预测精度为 3%～5%。请注意这是一个 5 000 多维的分类问题，如果随便猜测，精度大概只有 0.02% 左右，我们的模型效果已经很不错了，至少作为一个学习的起点绰绰有余。具体如代码示例 7-23 所示。

代码示例 7-23：模型编译与拟合

```
from keras.optimizers import Adam
model.compile(loss='categorical_crossentropy', optimizer=Adam(lr=0.001),
metrics=['accuracy'])
model.fit(X, Y, epochs=10, batch_size=128, validation_split=0.2)
```

输出结果为：

```
Train on 19293 samples, validate on 4824 samples
Epoch 1/10
19293/19293 [==============================] - 26s 1ms/step - loss: 7.1484 - acc: 0.0250 - val_loss: 7.0493 - val_acc: 0.0344
Epoch 2/10
19293/19293 [==============================] - 25s 1ms/step - loss: 6.9515 - acc: 0.0296 - val_loss: 7.0451 - val_acc: 0.0343
Epoch 3/10
19293/19293 [==============================] - 24s 1ms/step - loss: 6.9302 - acc: 0.0296 - val_loss: 7.0377 - val_acc: 0.0342
Epoch 4/10
19293/19293 [==============================] - 24s 1ms/step - loss: 6.8860 - acc: 0.0300 - val_loss: 6.9723 - val_acc: 0.0344
Epoch 5/10
19293/19293 [==============================] - 24s 1ms/step - loss: 6.8410 - acc: 0.0308 - val_loss: 6.9372 - val_acc: 0.0355
Epoch 6/10
19293/19293 [==============================] - 25s 1ms/step - loss: 6.7831 - acc: 0.0336 - val_loss: 6.8810 - val_acc: 0.0378
Epoch 7/10
19293/19293 [==============================] - 24s 1ms/step - loss: 6.6848 - acc: 0.0381 - val_loss: 6.7843 - val_acc: 0.0404
Epoch 8/10
19293/19293 [==============================] - 24s 1ms/step - loss: 6.5555 - acc: 0.0433 - val_loss: 6.6870 - val_acc: 0.0442
Epoch 9/10
19293/19293 [==============================] - 24s 1ms/step - loss: 6.4332 - acc: 0.0494 - val_loss: 6.5968 - val_acc: 0.0485
Epoch 10/10
19293/19293 [==============================] - 25s 1ms/step - loss: 6.3096 - acc: 0.0555 - val_loss: 6.5121 - val_acc: 0.0531

<keras.callbacks.History at 0x7f55d86eb6a0>
```

2. RNN 写藏头诗

与 7.2.3 节的逻辑回归一样，用 RNN 创作一首五言绝句，每句话的第一个字仍然分别是"熊、大、很、帅"。技术方案与前面一模一样，在此不再赘述。具体如代码示例 7-24 所示。

代码示例 7-24：RNN 做藏头诗

```
poem_incomplete = '熊****大****很****帅****'
poem_index = []
poem_text = ''
for i in range(len(poem_incomplete)):
    current_word = poem_incomplete[i]

    if current_word != '*':
        index = tokenizer.word_index[current_word]

    else:
        x = np.expand_dims(poem_index, axis=0)
        x = pad_sequences(x, maxlen=49, padding='post')
        y = model.predict(x)[0, i]

        y[0] = 0
        index = y.argmax()
        current_word = tokenizer.index_word[index]

    poem_index.append(index)
    poem_text = poem_text + current_word

poem_text = poem_text[0:]
print(poem_text[0:5])
print(poem_text[5:10])
print(poem_text[10:15])
print(poem_text[15:20])
```

输出结果为：

```
熊颀里无人
大青门不知
很不知何处
帅何处不知
```

7.4 机器作诗进阶 2：LSTM

到目前为止，我们已经可以用逻辑回归和 RNN 模型来写诗。逻辑回归的特点是简单好懂，但缺点是没办法充分利用字符串的时间序列特征，RNN 就具备了这个能力。但是 RNN 也有自己的缺点，它无法实现长期记忆性，这就引出了本节要学习的长短期记忆（Long Short Term Memory，LSTM）模型。

7.4.1 LSTM 前期知识

在正式学习 LSTM 模型之前，我们需要先掌握有关 LSTM 模型的前期知识。

1．两个长期记忆性的例子

下面是两个英语完形填空的例子。第一个例子如图 7.17 所示，"the clouds are in the____"，根据英文释义，空格里需要补充的是白云在哪里，大家很容易猜到这个空格应该填 sky，因为白云在天上。做出这个判断依赖两个非常重要的信息，一个是 clouds，一个是 in the。给定这两个信息（也可以称之为两个 X），也就是说，在非常近的语境环境里既发生过 clouds，又发生过 in the，那么当前空格里这个词将极大概率是 sky。这也许不是唯一正确的答案，但大概率是正确的答案。这是传统的 RNN 模型或者逻辑回归都可以处理的，一个重要的原因是预测作用特别强的 X 变量离空格里要填的词非常近。

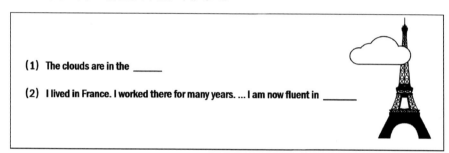

(1) The clouds are in the _____

(2) I lived in France. I worked there for many years. ... I am now fluent in _____

图 7.17　英语完形填空

第 2 个例子是一个比较长的句子，"I lived in France, I worked there for many years..."，中间略去很多话，最后一句话是 "I am now fluent in____"。根据语境，这里应该填对哪种语言特别流利。但是我们发现 fluent 这个 X 变量或者离这个空格最近的这些信息中好像没有关乎语言的信息，只有往前追溯到很远的地方，才发现原来在最前面有一个语境 "I lived in France"，意思是我曾经在法国居住过，这是个特别重要的相关语境，也就是说，这才是一个特别强的 X 变量，但很遗憾，它离我们非常遥远。人类是非常厉害的，当我们看到这个句子时，尤其是受过英语训练的学生都可以很快地说出，I am now fluent in French（我的法语很流畅）。之所以做出这个判断，是因为在比较远的语境里，找到了一个特别相关的 X 变量是 "我曾经在法国居住过"。

同样的问题如果用逻辑回归来做，根本做不到，因为逻辑回归只能考虑比较近的几个 X，不是说它不能考虑特别远的，是它不知道特别远的 X 在什么地方，因此没办法用来建模。所以如果用逻辑回归来做，那么模型只能考虑到 I am now fluent 这几个字，此时空格里预测出来的不一定是 French，也许是 English。如果用 RNN 模型，"I lived in France" 这个信息在一层一层传递下来时，每一次信号都在不停衰减，等到填空时，前面说的 "I lived in France" 这部分宝贵的信息基本上衰退殆尽了。

这个例子说明，无论是 RNN 模型，还是经典的逻辑回归，都不太擅长处理特别遥远的相关关系，这就提出了一个模型上的新需求，有没有什么办法能够处理这种关系，允许在模型中实现一种非常长期的相关关系呢？解答这个问题需要理解如何实现长期记忆。

2. 思考：如何实现长期记忆性

如果用 RNN 模型或者逻辑回归来完成上面两个题目，相对而言它们都比较容易猜出 the clouds are in the sky，但是很难猜出 I am now fluent in French。这是因为 RNN 无法处理长距离的依赖关系，即 long term dependencies。RNN 的这一短板主要由它的算法导致。而事实上，这种短板在任何经典的时间序列模型中都存在，因为任何时间序列模型首先要捕捉的相关关系一定是最近的相关关系，而为了捕捉最近的相关关系，在一定程度上要降低对长期相关关系的依赖。图 7.18 所示为 RNN 擅长处理短期的相关性，而对于长期相关性就非常不擅长了。如果这个 RNN 的距离非常长，X_0 对后面很遥远的输出的影响就非常小，所以需要对其进行改进，而改进的方向就是**增加长期状态变量**。

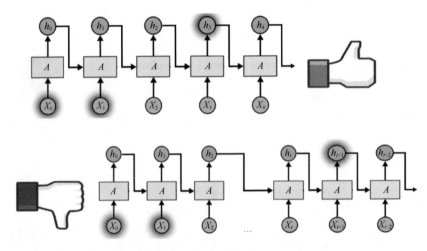

图 7.18　实现长期相关关系

3. 基于 RNN 的改进方法：增加长期状态变量

经典的 RNN 模型并不是不能捕捉长期依赖性，因为经典的 RNN 模型中有一个变量叫 state，这里用 h 来代替。h 强调这是一个隐藏的看不见的状态，它是从遥远的过去叠加衰减到现在的，虽然它衰减了，但是它或多或少也带着一点来自远方的信息。因为每一步迭代，h 都在更新衰减，过去的信息不停地被慢慢剔除掉，等到当这个 h 变量从遥远的过去一直更新到现在时，里面包含的来自远方的信息已经非常少了。也许大家会问，可不可以让它的衰减速度慢一点，这样远方的信息不就能保留下来了么？这当然可以，最极端的情形就是远方的 h 不更新迭代，也不衰减，这样信息就会一直被保留下来。

远方的信息是被保留了下来，但是当前最靠近的这些信息却无处收纳了。因为在任何状态，h 都是远方的信息，甚至是整个历史信息和当前信息的组合，如果把大量的权重放在远方，那一定是最近信息的权重变少了。我们保留了大量的历史信息，但是当前的信息无处容纳，这也是一个重大的损失。这说明只用一种状态变量 h 是没办法同时兼顾远方和就近信息的。改进的方法就是创造两种状态变量，一个是 h，一个是 c，如图 7.19 所示。h 描述比较近的历史状态，c 描述比较远的状态，所以 c 变量更加稳定，它的更新迭代和衰退的速度相比于 h 要慢一些。有了 c 和 h 这两种状态变量，在实际应用中就可以同时兼顾就近信息和遥远的历史信息。

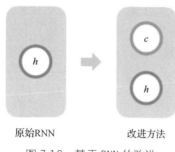

图 7.19　基于 RNN 的改进

7.4.2　LSTM 模型

扫一扫

LSTM 模型

有了前面的预备知识，接下来正式介绍长短期记忆（Long Short Term Memory，LSTM）模型[①]，该模型的核心是既要兼顾长期记忆性（long term dependency），又要兼顾短期记忆性（short term dependency）。LSTM 模型是一个非常优秀的 RNN 模型的扩展。在现实的自然语言处理中，该模型应用非常广泛。本书也给出了这个方法的原始文献，感兴趣的读者建议好好阅读原文，里面有非常多了不起的思想，这些是本书讲不到的。

1. LSTM 模型与 RNN 模型内部结构对比

下面通过一个简单有趣的图例，介绍 LSTM 模型和经典的 RNN 模型的核心区别在哪里。图 7.20（a）是 RNN 内部结构示意图，图 7.20（b）是 LSTM 内部结构示意图。这两个模型的核心区别如下。

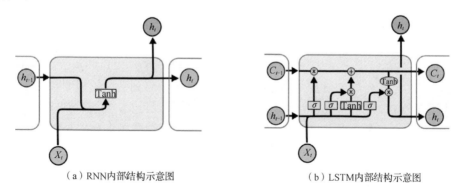

（a）RNN内部结构示意图　　　　　　（b）LSTM内部结构示意图

图 7.20　RNN 模型与 LSTM 模型内部结构对比

---

① Hochreiter, S. , & Schmidhuber, Jürgen. (1997). Long short-term memory. Neural Computation, 9(8), 1735-1780.

（1）RNN 模型从前一时刻，只继承一个短期状态 h_{t-1}，它把这个短期状态 h_{t-1} 和当前的外部输入 X_t 整合在一起，经过激活函数 Tanh 这个非线性变换，输出下一时刻的短期状态 h_t，其中 h_t 对下一时刻产生的各种文本负责。这就是 RNN 模型的核心构造思想。

（2）LSTM 模型从上一时刻，除了要继承一个短期状态 h_{t-1}，还要继承一个长期状态 c_{t-1}，然后与当前的外部输入 X_t 结合在一起，经过非常复杂的非线性变换（这个非线性变换的复杂性是不小的，后面会讲解）后，LSTM 模型要输出下一时刻的短期状态 h_t 和下一时刻的长期状态 c_t，其中 h_t 对下一时刻所有的文本表现负责。

2. LSTM 的非线性变换

在刚刚对 LSTM 结构的讨论中，我们提到了一个非常复杂的非线性变换，接下来介绍这个非线性变换的核心思想。

（1）长期状态变量继承的更新。整个非线性变换是以当前的长期状态 c_t 为核心的。c_t 来自两部分，一部分是对历史的继承，另一部分是对当前信息的更新和反馈。当前的状态 c_t 是从 c_{t-1} 继承过来的，它可以 100% 地继承，也可以 0% 地继承，还可以 50% 地继承，继承得越多，说明它的记忆性越好，遗忘性越差；继承得越少，说明越容易遗忘历史，对当前的输入更加敏感。c_t 从 c_{t-1} 继承多少由一个 0~1 的变量控制，称为**遗忘门**，遗忘门越靠近 1，说明 c_t 从 c_{t-1} 继承得越多，记性更好，不容易遗忘。c_t 从 c_{t-1} 继承得少，对应的遗忘门就非常靠近 0。因此遗忘门用来控制当前长期状态对历史的依赖。

（2）长期状态变量吸收的更新。除了遗忘门，c_t 更新的另一部分是对当前新输入的反馈。当前的各种输入信息综合在一起形成了一个新的状态变量 $\tilde{c}_t$，它是对 c_t 的一个状态更新，c_t 的一部分更新也来自 $\tilde{c}_t$ 提供的信息，c_t 从 $\tilde{c}_t$ 可以吸收 100%，也可以吸收 0%，还可以吸收 50%，到底吸收多少也是通过一个 0~1 的变量来控制，这个变量称为**输入门**。如果输入门非常靠近 1，就说明 c_t 大量地吸收 $\tilde{c}_t$，几乎全部接受，这时 c_t 对当前的输入非常敏感；如果输入门非常靠近 0，就说明 c_t 变量对当前的输入并不敏感，它更多地依赖于对历史信息的沉淀和综合。

（3）长期状态变量的输出更新。遗忘门和输入门会相互制约，一个大，另一个就相对小，一个小，另一个就相对大。到底应该多大多小，要基于真实的情况自动决定。一旦当前的长期状态 c_t 确定了，c_t 就会决定把多少长期沉淀下来的信息输出到当前的短期状态 h_t，其又由一个 0~1 的变量控制，这个变量称为**输出门**。如果输出门开得很大，当前时刻输出的短期状态 h_t 和 c_t 就非常像；如果开得很小，二者就不那么像，但是当前的短期状态 h_t 对我们看到的各种各样的文本序列的表现负责。这就是 LSTM 模型非线性变换的核心思想。图 7.21 为这 3 个门之间的关系。

3. LSTM 模型的 3 个门

下面介绍 LSTM 模型的 3 个门，分别是遗忘门、输入门和输出门。

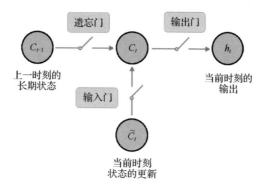

图 7.21 LSTM 模型的 3 个门

（1）遗忘门。如图 7.22 所示，遗忘门的非线性变换有两个输入：一个是从前一时刻继承下来的短期状态 h_{t-1}，另一个是从当前环境中读入的新信息 x_t。在实际工作中，x_t 常常是对当前字符经过词嵌入后获得的向量。假设 h_{t-1} 是 10 维，x_t 是 20 维，它们合在一起就是一个新的 30 维的向量。对这个新的 30 维的向量做线性变换，再加上截距项，经过 Sigmoid 非线性变换的处理，就变成了一个 0~1 的数字 f_t。f_t 控制当前长期状态 c_t 将从 c_{t-1} 继承多少信息，f_t 越大，继承得越多，越小继承得越少。f_t 就是遗忘门。

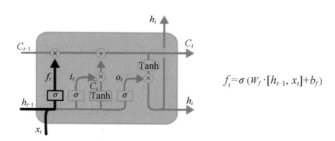

$$f_t = \sigma \left(W_f \cdot [h_{t-1},\, x_t] + b_f \right)$$

图 7.22 LSTM 模型的遗忘门

（2）输入门。如图 7.23 所示，输入门的非线性变换也有两个输入，一个是前一时刻的短期状态 h_{t-1}，假设是 10 维，还有一个是当前的新信息 x_t，假设是 20 维。h_{t-1} 和 x_t 合在一起，形成了一个新的 30 维的向量。首先对这个 30 维的向量做一个基于 W_c 和 b_c 的线性变换，生成一个新的数字，对这个数字做 Tanh 变换，形成一个新的变量 $\tilde{c}_t$，$\tilde{c}_t$ 就是对当前长期状态的一种更新。当前状态 c_t 最终从 $\tilde{c}_t$ 接收的比例由输入门变量 i_t 控制。仍然对刚才长度为 30 的向量做一个基于 W_i 和 b_i 的线性组合，生成另外一个新的数字，对这个新的数字做 Sigmoid 变换，变成一个 0~1 的数字，这个数字就是输入门变量 i_t。i_t 越大，说明 c_t 从 $\tilde{c}_t$ 接收的信息越多；i_t 越小，说明 c_t 从 $\tilde{c}_t$ 接收的信息越少。

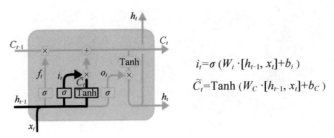

图 7.23　LSTM 模型的输入门

$$i_t = \sigma\,(W_i \cdot [h_{t-1}, x_t] + b_i)$$
$$\widetilde{C}_t = \mathrm{Tanh}\,(W_C \cdot [h_{t-1}, x_t] + b_C)$$

（3）输出门。如图 7.24 所示，输出门的核心任务是基于当前的长期状态 c_t，输出当前的短期状态 h_t，其中 h_t 要对当前各种文本的生成负责。输出门做了两个假设。首先，它假设 h_t 本质上是 c_t 的一个非线性变换，这个非线性变换采用的是 Tanh 变换。接下来要确定 c_t 的 Tanh 变换中到底有多大的比例要作为当前的短期状态输出给 h_t，因此前面要乘以一个 0~1 的系数 o_t，而 o_t 就是输出门。输出门在数学上仍然是一个非线性变换，它依赖于两个输入，一个是前一时刻的短期状态 h_{t-1}，一个是当前的新增信息 x_t。仍然假设 h_{t-1} 是 10 维，x_t 是 20 维，组合在一起就是 30 维，对这 30 维的向量做一个基于 W_o 和 b_o 的线性变换，得到了一个数字，对这个数字做 Sigmoid 变换，变成了一个 0~1 的数字，这就是变量输出门变量 o_t。

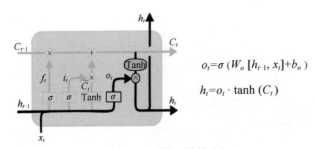

$$o_t = \sigma\,(W_o\,[h_{t-1}, x_t] + b_o)$$
$$h_t = o_t \cdot \tanh\,(C_t)$$

图 7.24　LSTM 模型的输出门

最后，简单总结一下。LSTM 模型可以看作 RNN 模型的一个升级版本。一方面，它继承了 RNN 模型一些优秀的建模思想。例如，它允许一个状态变量 h 沉淀来自时间序列上的历史信息；另外一方面，它允许有两种不同的状态变量，同时兼顾来自长期和短期的历史信息，这就是将该模型称为"Long Short Term Memory"的原因。

7.4.3　原理实现：数据准备

下面仍然用 poems_clean.txt 数据来介绍如何利用 LSTM 模型作诗。前期的数据准备工作相信大家已经非常熟悉了，这里不介绍过多的代码细节。具体流程如代码示例 7-25 到代码示例 7-28 所示。

1. 数据读入
代码示例 7-25：数据读入

```
import string
import numpy as np

f = open('./poems_clean.txt', "r", encoding='utf-8')
poems = []
for line in f.readlines():
    title, poem = line.split(':')
    poem = poem.replace(' ', '')
    poem = poem.replace('\n', '')
    poems.append(list(poem))

print(poems[0][:])
```

输出结果为：

```
['寒', '随', '穷', '律', '变', '春', '逐', '鸟', '声', '开', '初', '风', '飘', '带',
'柳', '晚', '雪', '间', '花', '梅', '碧', '林', '青', '旧', '竹', '绿', '沼', '翠', '新',
'苔', '芝', '田', '初', '雁', '去', '绮', '树', '巧', '莺', '来']
```

2. 从字符到正整数的映射
代码示例 7-26：从字符到正整数的映射

```
from keras.preprocessing.text import Tokenizer
from keras.preprocessing.sequence import pad_sequences

tokenizer = Tokenizer()
tokenizer.fit_on_texts(poems)
vocab_size = len(tokenizer.word_index) + 1
poems_digit = tokenizer.texts_to_sequences(poems)
poems_digit = pad_sequences(poems_digit, maxlen=50, padding='post')
```

3. 提取因变量与自变量
代码示例 7-27：提取因变量与自变量

```
X = poems_digit[:, :-1]
Y = poems_digit[:, 1:]
print("X 示例", "\t", "Y 示例")

for i in range(10):
    print(X[0][i], "\t", Y[0][i])

print("...", "\t", "...")
```

输出结果为：

```
X示例    Y示例
42       180
180      401
401      1143
1143     671
671      9
9        331
331      130
130      58
58       84
84       177
...      ...
```

4. one-hot 编码格式

代码示例 7-28：one-hot 编码

```
from keras.utils import to_categorical
Y = to_categorical(Y, num_classes=vocab_size)
print(Y.shape)
```

输出结果为：

```
(24117, 49, 5546)
```

7.4.4 原理实现：LSTM 代码实现

下面仍然通过作诗的案例来实现 LSTM 代码。

1. LSTM 模型的构建

（1）定义两个隐藏空间的维度，第 1 个是 hidden_size1=128，第 2 个是 hidden_size2=64，这两个维度的大小可以自行调整。其中 hidden_size1 用来控制词嵌入时 X 的维度，hidden_size2 用来控制 LSTM 模型中两个状态变量 h 和 c 的维度。理论上二者的维度可以不一样，但是为了简单起见，LSTM 模型在 TensorFlow 实现时，要求二者维度一致，因此可以通过一个变量 hidden_size2 来控制。

（2）定义输入变量为 inp，它是一个长度为 49 的向量。

（3）通过 Embedding 函数实现词嵌入，其中 vocab_size 控制不同的字符数，hidden_size1 控制映射空间的维度，mask_zero=true 代表忽略所有的 0。

经过词嵌入之后，输入变成了一个欧式空间中的向量 X。将 X 作为函数 LSTM 的输入，此时建立一个 LSTM 模型，其中模型的隐空间的维度通过 hidden_size2 控制。return sequence=True 表示输出整个完整的状态序列。X 经过 LSTM 变换后，可以建立一个从它到最后输出节点的全连接层。由于是汉字分类问题，因而全连接层最后输出的节点数由 vocab_size 控制。激活函数为 Softmax，最后的输出结果存储在变量 pred 中，把 inp 和 pred 两个变量通过

Model 整合在一起，就形成了 LSTM 模型 model。通过 model.summary 可以查看整个模型结构情况以及参数消耗情况。具体如代码示例 7-29 所示。

代码示例 7-29：LSTM 模型代码

```
# from keras.models import Model
from keras.layers import Input, LSTM, Dense, Embedding, Activation,
BatchNormalization
from keras import Model

hidden_size1 = 128
hidden_size2 = 64

inp = Input(shape=(49,))

x = Embedding(vocab_size, hidden_size1, input_length=49, mask_zero=True)(inp)
x = LSTM(hidden_size2, return_sequences=True)(x)

x = Dense(vocab_size)(x)
pred = Activation('softmax')(x)

model = Model(inp, pred)
model.summary()
```

输出结果为：

Layer (type)	Output Shape	Param #
input_2 (InputLayer)	(None, 49)	0
embedding_2 (Embedding)	(None, 49, 128)	709888
lstm_1 (LSTM)	(None, 49, 64)	49408
dense_2 (Dense)	(None, 49, 5546)	360490
activation_2 (Activation)	(None, 49, 5546)	0

```
Total params: 1,119,786
Trainable params: 1,119,786
Non-trainable params: 0
```

从模型概要表可以看出，所有参数的消耗来源于 3 个层，分别是 Embedding 层、LSTM 层和 Dense 全连接层。

（1）Embedding 层。它的目标是把所有不同的字符都映射到一个虚拟空间中，这里一共有 vocab_size=5 546 个不同的字符，每个字符都要映射到一个 128 维的空间中，因此消耗的参数总数是 5 546×128=709 888。

（2）LSTM 层。它需要的参数主要来自 4 个非线性变换，第 1 个是遗忘门 f_t，第 2 个是输入门 i_t，第 3 个是对当前 c_t 的更新 $\tilde{c}_t$，最后一个是输出门 o_t。每一个非线性变换消耗的参数相同，这是因为 tensorflow 要求 h_t 和 c_t 的维度必须一样，由 hidden_size2=64 控制。所以只需要把遗忘门 f_t 的参数个数弄清楚，然后再乘以 4，就得到整个 LSTM 层消耗的参数总个数。首先注意到 f_t 是作用在 h_{t-1} 和 X_t 上面的一个非线性变换，h_{t-1} 是一个长度为 64 维的向量，X_t 是 128 维，再加上截距项，一共消耗 64+128+1=193 个参数。这个参数的各种组合映射到 c_t 的状态，更新时，需要消耗 193×64=12 352 个参数，这就是 f_t 最终消耗的参数个数。将其乘以 4 就是 12 352×4=49 408，于是得到了 LSTM 层消耗的参数总个数。

（3）Dense 层。它的输入由当前的短期状态 h 控制，因此输入就是 h，维度就是 h 的维度加上 1，是 65，又因为这是一个 5 546 类的分类问题，因此消耗的参数个数就是 65×5 546=360 490。

2．LSTM 模型编译

最后编译运行 LSTM 模型。为了演示方便，这里仅作 10 个 Epoch 循环，在验证集上的精度大概是 8%。之前的 RNN 模型预测的精度只有 5%，这说明，至少从预测精度来看，LSTM 模型确实比 RNN 模型要好一些。具体如代码示例 7-30 所示。

代码示例 7-30：LSTM 模型编译与拟合

```
from keras.optimizers import Adam
model.compile(loss='categorical_crossentropy', optimizer=Adam(lr=0.01),
metrics=['accuracy'])
model.fit(X, Y, epochs=10, batch_size=128, validation_split=0.2)
```

输出结果为：

```
Train on 19293 samples, validate on 4824 samples
Epoch 1/10
19293/19293 [==============================] - 26s 1ms/step - loss: 7.0840 - acc: 0.0280 - val_loss: 7.0666 - val_acc: 0.0344
Epoch 2/10
19293/19293 [==============================] - 25s 1ms/step - loss: 6.8603 - acc: 0.0325 - val_loss: 6.8642 - val_acc: 0.0402
Epoch 3/10
19293/19293 [==============================] - 25s 1ms/step - loss: 6.6080 - acc: 0.0446 - val_loss: 6.6743 - val_acc: 0.0516
Epoch 4/10
19293/19293 [==============================] - 25s 1ms/step - loss: 6.3814 - acc: 0.0621 - val_loss: 6.5311 - val_acc: 0.0641
Epoch 5/10
19293/19293 [==============================] - 25s 1ms/step - loss: 6.1930 - acc: 0.0770 - val_loss: 6.4353 - val_acc: 0.0731
Epoch 6/10
19293/19293 [==============================] - 25s 1ms/step - loss: 6.0362 - acc: 0.0871 - val_loss: 6.3803 - val_acc: 0.0759
Epoch 7/10
19293/19293 [==============================] - 25s 1ms/step - loss: 5.9193 - acc: 0.0939 - val_loss: 6.3385 - val_acc: 0.0800
Epoch 8/10
19293/19293 [==============================] - 25s 1ms/step - loss: 5.8278 - acc: 0.0995 - val_loss: 6.3125 - val_acc: 0.0835
Epoch 9/10
19293/19293 [==============================] - 25s 1ms/step - loss: 5.7454 - acc: 0.1047 - val_loss: 6.2946 - val_acc: 0.0859
Epoch 10/10
19293/19293 [==============================] - 25s 1ms/step - loss: 5.6767 - acc: 0.1090 - val_loss: 6.2928 - val_acc: 0.0873
<keras.callbacks.History at 0x7f5381262c88>
```

3．用 LSTM 模型作藏头诗

最后用 LSTM 模型创作一首五言绝句，每句的第 1 个字仍然是"熊、大、很、帅"。具体的代码细节和前几节一致，只不过这里的 model 变成了 LSTM。运行代码之后，就创作了一首五言绝句。具体如代码示例 7-31 所示。

代码示例 7-31：LSTM 模型做藏头诗

```
poem_incomplete = '熊****大****很****帅****'
poem_index = []
poem_text = ''
for i in range(len(poem_incomplete)):
    current_word = poem_incomplete[i]

    if current_word != '*':
        index = tokenizer.word_index[current_word]

    else:
        x = np.expand_dims(poem_index, axis=0)
        x = pad_sequences(x, maxlen=49, padding='post')
        y = model.predict(x)[0, i]

        y[0] = 0                #去掉停止词
        index = y.argmax()
        current_word = tokenizer.index_word[index]


    poem_index.append(index)
    poem_text = poem_text + current_word

poem_text = poem_text[0:]
print(poem_text[0:5])
print(poem_text[5:10])
print(poem_text[10:15])
print(poem_text[15:20])
```

输出结果为：

```
熊踞枝红粉
大金罍带翠
很金谷不知
帅明月满庭
```

7.5 文本序列应用实例：机器翻译

文本序列分析一个最广泛的应用就是机器翻译。在这方面谷歌翻译做得非常好。如图 7.25 所示，输入两句诗，"床前明月光，疑是地上霜"，谷歌会翻译成 "The moonlight in front of the bed, suspected to be frost on the ground"。本节希望通过一个简单的例子，让大家快速了解这背后的理论和实现的框架。

213

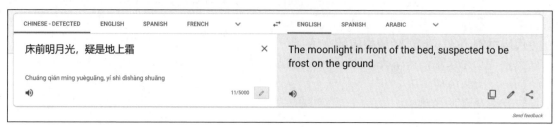

图 7.25 机器翻译的例子

7.5.1 机器翻译原理

下面先从初级翻译原理介绍起，进而扩展到回归分析视角，最后引出基于 Encoder 和 Decoder 的机器翻译原理。

1. 初级翻译原理：字典的映射关系

翻译有点像背单词。如图 7.26 所示，wait 就是"等等"，hello 就是"你好"，I try 就是"让我来"。这就是背单词、背短语的过程，只要构造一个比较大的字典，建立从英文单词到中文对应的字词之间的映射关系就可以了，这似乎没有什么难的。

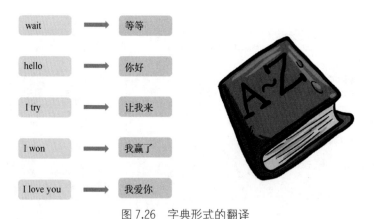

图 7.26 字典形式的翻译

2. 字典形式翻译的缺陷

像上述这种字典形式的翻译有很大的缺陷。原因很多。一个最简单的原因就是，同样一个英文单词，在不同的句子中，它的意思可能完全不一样。如图 7.27 所示，我们说 150 英镑 is a fair price，这个 fair 是说这个价格很合理、很公平；另外一句话 This year's county fair is fantastic，这里的 fair 是 county fair，是指市集、赶集、集市，同样都是 fair，在两个不同句子中的意思完全不同。这说明至少通过一一映射的字典是不可能解决这个问题的。语义的多义性也是阻碍早期自然语言处理发展的主要困难之一。

还有一个问题是语序。不同的语言有不同的语法结构。汉语讲究主谓宾，主语第1，谓语第2，宾语第3。但是有的语言不是。以图7.28所示的英语句子为例。there you are 翻译成中文是"你在这里"，这里的顺序是错开的。在英文里，there 是第1个单词，但是在中文里是最后一个词；在英文里，you 是第2个单词，翻译成中文变成第1个字；are 在英文里是最后一个单词，在中文里却是第2个字。这说明，从一种自然语言翻译成另外一种自然语言，不大可能通过一个简单的逻辑映射来完成，这里面要处理的情形太多太复杂。从理论上讲，社会活动有多少，人类的世界就有多丰富，人类的语言就会出现多少种不同的文字组合、不同的语境和不同的意义，我们是不可能每一句都清楚的。

图 7.27 同词不同义

图 7.28 不同的语言顺序

3．回归分析视角

一个好的翻译策略要把翻译问题规范成一个回归分析问题，规范成为一个关于 X 和 Y 的问题。如图7.29所示，以把英文 I love you 翻译成"我爱你"为例。这里的输入 X 是英文的 I love you，因变量 Y 是中文的输出"我爱你"。如果能建立一种高度非线性的灵活的强大的回归模型，实现输入 X，"I love you"，就可以输出 Y，"我爱你"，就非常棒。

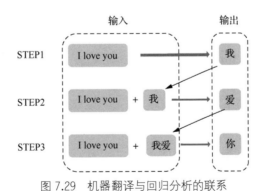

图 7.29 机器翻译与回归分析的联系

该模型的挑战之处在于它的输入 X 是一个序列，这是一个长度不确定的时间序列，它的输出也是一个长度不确定的时间序列。实现翻译的技术细节如下。

（1）输入英文 I love you，学明白模型，然后把它变成一个充分的信息。这个信息也许包含了所有来自英文 I love you 中重要的信息，包括语境、语义。

215

（2）基于此，预测在输出的中文里，第 1 个字应该是什么，也许预测出的是"我"，那就完成了从 X 到 Y 的第 1 个变化。

（3）一旦知道第 1 个字是"我"之后，接下来要迅速扩充 X 信息的集合。原来的 X 只是英文的 I love you，现在的 X 变成 I love you 加上中文的"我"。当把这些信息全部放在一起之后，再预测"我"字后面的汉字是什么，预测出来的是"爱"。有了这个之后，再次扩充 X 集合，I love you 英文加上中文的"我爱"，希望能猜出最后一个字是"你"。

如果这一切都非常顺利和成功，每一步实现的概率都非常大，就能成功地把"I love you"翻译成"我爱你"。

4. 解析与预测

当人类把英文"I love you"翻译成中文"我爱你"时，至少要完整地听完一个句子，才开始翻译，听完之后，在脑袋里加工信息，加工完之后再说出中文。所以在深度学习的模型中，处理这类问题时，需要把翻译拆分成两个不同的过程：Encoder 和 Decoder。这种由 Encoder 和 Decoder 结构构成的序列模型也叫 seq2seq，是目前基于深度学习的机器翻译的主要方法。

（1）Encoder 过程的任务是消化理解英文，将其变成状态空间中的状态变量。

（2）Decoder 过程的任务是再次充分理解状态变量之后，以中文的方式把它翻译出来。

所以在机器翻译领域，一个最简单的框架如图 7.30 所示。无论是 Encoder 还是 Decoder，理论上都可以用任何非线性模型，只要它能翻译出状态变量。这里以 LSTM 模型为例，介绍 Encoder 和 Decoder 过程的两个关键步骤。

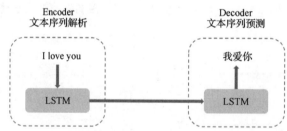

图 7.30　机器翻译的两个结构：Encoder 与 Decoder

5. Encoder 与 Decoder 步骤详解

如图 7.31 所示，左边的方框表示第 1 个 LSTM 模型，这是 Encoder；右边的方框表示第 2 个 LSTM 模型，这是 Decoder。它们中间靠一个状态变量 s 连接起来。具体而言，整个翻译过程可以抽象为以下 3 个步骤。

（1）对于左边的 Encoder 模型，它的输入就是 I love you。基于 LSTM 模型，它会产生很多输出，但这些都不是我们关心的，我们只对隐含的状态变量感兴趣。LSTM 模型有两个隐含状态，一个是短期的 h，一个是长期的 c。这里都用字符 s 代表。接下来 Encoder 把状态变量 s

传递给下一个 LSTM 模型，即 Decoder。Decoder 接收 s 之后，在没有任何额外新信息的情况下，它只能假设目前所有知道的汉字都是空的，记为 BBBBB，因此唯一能够利用的信息就是从 Encoder 获得的状态向量 s，基于它，Decoder 需要预测出"我"这个字来。

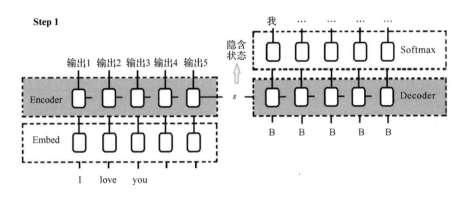

图 7.31 机器翻译结构举例（上）

（2）一旦有了第 1 个汉字，右边的 LSTM 模型就被激活。如图 7.32 所示，这是通过一个特定的初始状态 s 来激活的。s 成功预测了第 1 个字"我"。于是现在 Decoder 有了两个信息，除了初始的状态 s 以外，还有一个最近被预测出来的"我"字，二者一起预测下一个字，发现是"爱"。

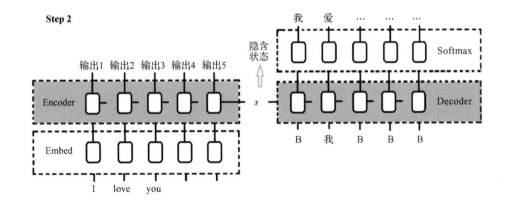

图 7.32 机器翻译结构举例（中）

（3）以此类推，接下来可以基于 s、"我"和"爱"，预测最后一个字"你"，于是 Decoder 就完成了整个解码过程，成功地把从 Encoder 获得的状态变量 s 通过 LSTM 模型解码成汉字序列"我爱你"，翻译也就因此完成了，如图 7.33 所示。

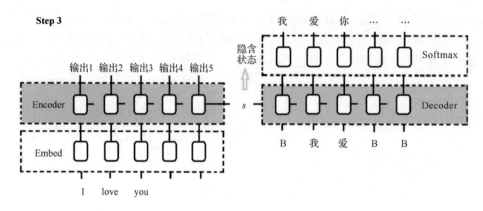

图 7.33　机器翻译结构举例（下）

7.5.2　案例：中英文翻译

下面用一个中英文翻译的案例来介绍代码的实现过程。

1. 数据展示

本案例数据来自人工翻译后的中英文短句。其中 X 是英文，Y 是中文，英文和中文在同一行上对应的是相同的意思。例如，原始数据中的某一行英文是"wait"，中文就是"等"，英文是"hello"，中文是"你好"，这就是后面做自动翻译模型的数据基础。

数据集（data/cmn.txt）是采用人工翻译后的中英文语句，共 20 403 条。可以看到，每行的英文语句与中文语句具有对应关系。

Wait!　　等！
Hello!　　你好！
I try.　　让我来。
I won!　　我赢了！
Oh no!　　不会吧！
⋯⋯

2. 中英文文本准备

在接下来的分析中，无论是对 Encoder，还是 Decoder，涉及的 LSTM 模型都是用词作为最基本的输入。对于英文而言这不是问题，因为在英文的书写习惯中，不同的单词之间是用空格隔开的；但是对于中文，这就是个问题，尤其是在同音字的情况下，常常会出现同一个句子不同的断词方式，会产生不同的寓意。通过前面的学习，我们已经知道可以用分词工具 jieba 来解决中文分词问题。

下面准备中英文文本。首先初始化两个不同的列表，一个为 English，另一个为 Chinese，分别用来存储英文和中文词根。用 open 命令打开数据集，调用 split 函数对每行文件以"\t"

拆分字符串。-1 表示去掉英文字符串的最后一个字符，这是因为最后一个字符全都是标点符号。最后用空格把 eng 再次切分开，此时的 eng 就变成一个又一个的英文单词，这就是后续要用到的英文文本。

接下来对中文进行同样的操作，核心区别是英文是按照空格分开的，中文则需要使用 jieba 分词。调用函数 lcut，jieba 会根据内置算法决定如何切分，大多数情况下都是不错的。这样生成的中文切词后的结果赋给新的 chs。在 chs 前面需要再加一个没有意义的符号 B，这是因为在 Decoder 时，信息来自 Encoder 的状态变量，没有任何文字输入，但是模型要求必须有一个中文输入，于是需要一个 B，这样才能让模型运转起来。这些结果形成了所有中文数据的列表。

具体过程如代码示例 7-32 所示。把某一行的英文和它对应的中文打印展示，可以看到，第 1 行全都是英文单词 if I were you……，第 2 行第 1 个是无意义的字符，大写的 B，然后是如果、我、是、你……。

代码示例 7-32：中英文文本准备

```
import string
import jieba

English = []
Chinese = []

f = open('./cmn.txt', "r", encoding='utf-8')
for line in f.readlines():
    eng, chs = line.strip().split('\t')

    eng = eng[:-1]
    eng = eng.split(' ')
    English.append(eng)

    chs = jieba.lcut(chs)
    chs = ['B'] + chs
    Chinese.append(chs)

print(English[20000])
print(Chinese[20000])
```

输出结果为：

```
['If', 'I', 'were', 'you,', "I'd", 'want', 'to', 'know', 'what', 'Tom', 'is', 'doing',
'right', 'now']
['B', '如果', '我', '是', '你', '，', '我', '不会', '想', '去', '知道', 'Tom',
'现在', '正在', '做', '什么', '。']
```

3．中文字符编码

为了能够调用 TensorFlow 中的函数，需要对英文和中文建立字典编码，把它们变成正整数。这里需要两个字典：一个是英文字典，把英文编码成为正整数；另一个是中文字典，把中文编码成为正整数。这两个字典的大小可能不一样，但操作过程基本一致。

以英文为例，具体如代码示例 7-33 所示。首先初始化一个 Tokenizer，命名为 tokenizer_eng，调用 fit_on_texts 函数建立英文字典列表。这个英文字典列表的长度是它的 word index 的长度再加上 1，这是因为要加一个停止符。同样的操作用在中文上就建立了中文字典 tokenizer_chs。本案例中，英文字典的大小是 7 136，中文是 13 681。

代码示例 7-33：中英文字典编码

```
from keras.preprocessing.text import Tokenizer
from keras.preprocessing.sequence import pad_sequences

tokenizer_eng = Tokenizer()
tokenizer_eng.fit_on_texts(English)
eng_vocab_size = len(tokenizer_eng.word_index) + 1

tokenizer_chs = Tokenizer()
tokenizer_chs.fit_on_texts(Chinese)
chs_vocab_size = len(tokenizer_chs.word_index) + 1

print("英文字典的大小,",eng_vocab_size)
print("中文字典的大小,",chs_vocab_size)
```

输出结果为：

```
英文字典的大小, 7136
中文字典的大小, 13681
```

4．补全数据

接下来进行补零的操作。以英文为例，调用 texts_to_sequences 将英文单词全部按照 tokenizer_eng 的方式编码为正整数，并将结果输出给 eng_digit。函数 pad_sequences 将 eng_digit 变成一个矩阵。其中矩阵的行数为词条数 20 403，列数为每个句子包含的英文单词数。这里因为每行英文短句中的单词数各不相同，因此列数只能由最大列数决定。这里定义 maxlen=40，绝大多数的英文句子是不超过 40 列的。对于长度不够 40 的句子，使用 padding='post' 用 0 来补齐，于是生成了 eng_digit 矩阵。对中文语料库做相同的处理。原始语料和矩阵化后的结果如代码示例 7-34 所示。

代码示例 7-34：补全数据

```
max_length=40
eng_digit = tokenizer_eng.texts_to_sequences(English)
eng_digit = pad_sequences(eng_digit, maxlen=max_length, padding='post')

chs_digit = tokenizer_chs.texts_to_sequences(Chinese)
chs_digit = pad_sequences(chs_digit, maxlen=max_length, padding='post')
```

```
print("展示补全后的数据维度")
print(eng_digit.shape)
print(chs_digit.shape)
print("\n")

print("展示第 6 条样本")
print(English[6])
print(Chinese[6])
print("\n")

print("展示处理后的结果")
print(eng_digit[6])
print(chs_digit[6])
```

输出结果为:

```
展示补全后的数据维度
(20403, 40)
(20403, 40)

展示第 6 条样本
['I', 'won']
['B', '我', '赢', '了', '。']

展示处理后的结果
[ 2 757 0 0 0 0 0 0 0 0 0 0 0 0 0 0 0 0 0 0
  0   0 0 0 0 0 0 0 0 0 0 0 0 0 0 0 0 0 0 0
  0 0 0 0]
[ 1 3 873 5 2 0 0 0 0 0 0 0 0 0 0 0 0 0 0 0
  0 0   0 0 0 0 0 0 0 0 0 0 0 0 0 0 0 0 0 0
  0 0 0 0]
```

5．建立输入变量和预测变量

根据前面讲述的 Encoder 和 Decoder 原理,这里需要两个输入变量 X_eng 和 X_chs,一个预测变量 Y。其中 X_eng 是上述矩阵化的英文语料,X_chs 是来自上述矩阵化的中文语料。需要注意的是,Encoder 没有真正意义上的预测;而 Decoder 每看到当前的汉语词汇,就要将这个信息和从 Encoder 获得的状态变量 s 综合研究,预测下一个字是什么,因此它是一个根据当前词汇预测下一个词汇的过程。所以,X_chs 的最后一列是不能用来做 X 的,这就是为什么 X_chs 要去掉最后一列。相应的,Y 矩阵是把中文矩阵的第一列去掉,表示由下一个中文词汇构成的矩阵。具体如代码示例 7-35 所示。

代码示例 7-35:建立输入变量和预测变量

```
X_eng = eng_digit
X_chs = chs_digit[:, :-1]
```

```
Y = chs_digit[:, 1:]
print(X_eng.shape)
print(X_chs.shape)
print(Y.shape)
```

输出结果为：

```
(20403, 40)
(20403, 39)
(20403, 39)
```

6. one-hot 编码

最后需要把 Y 矩阵进一步转换成 one-tot 编码形式。具体如代码示例 7-36 所示。

代码示例 7-36：one-hot 编码

```
from keras.utils import to_categorical
Y = to_categorical(Y, num_classes=chs_vocab_size)
print(Y.shape)
```

输出结果为：

```
(20403, 39, 13681)
```

7. Encoder 建立过程

接下来编写机器翻译的代码，主体部分由 4 行构成。具体如代码示例 7-37 所示。

（1）输入。它的输入是英文短句，长度是英文短句的长度 max_length，输入的结果赋值给 encoder_input。

（2）Embedding。对 encoder_input 进行 Embedding 操作，其中 eng_vocab_size 为不同的英文单词数，hidden_size_1 控制虚拟空间的维度，mask_zero=True 表示忽略补充的 0，最后给这层命名为 ENG。

（3）LSTM。Embedding 之后，得到一个新的向量 x。将 x 输入 LSTM 层，建立一个 LSTM 模型。这里涉及两个状态，一个是短期状态 s，一个是长期状态 c，两个状态向量的维度要求一致，通过 hidden_size_2 控制。设定 return_state=True，表示返回两个状态变量——短期状态 s 和长期状态 c。最后将 LSTM 层命名为 Encoder。

（4）输出。LSTM 模型执行完后，至少有 3 个输出，第 1 个是 output，无须关注；第 2 个是短期状态，赋值给 encoder_h；第 3 个是长期状态，赋值给 encoder_c。将两个状态变量用列表连在一起形成 encoder_state。至此，Encoder 的代码编写完成。

代码示例 7-37：Encoder 的建立

```
from keras.layers import Input, LSTM, Dense, Embedding
from keras.models import Model, load_model
hidden_size_1 = 64
hidden_size_2 = 128
```

```
encoder_input = Input(shape = (max_length,))
x = Embedding(eng_vocab_size, hidden_size_1, mask_zero=True, name='ENG')(encoder
input)
encoder_output,encoder_h,encoder_c = LSTM(hidden_size_2, return_state=True, name=
'Encoder')(x)

encoder_state = [encoder_h,encoder_c]
```

8．Decoder 建立过程

接下来编写 Decoder 代码。Decoder 是另一个 LSTM 模型，它的代码与 Encoder 非常相似，主体部分也包括 4 行。具体如代码示例 7-38 所示。

（1）输入。Decoder 的输入是中文向量，长度为 39。

（2）Embedding。与 Encoder 非常相似。为了和 Encoder 区分，将 Decoder 的 Embedding 层命名为 CHS。

（3）LSTM。它也和 Encoder 非常相似，这里命名为 Decoder。建立这个 LSTM 模型时，它的输入除了 X 以外，还有一个参数是 initial_state=encoder_state。这是因为 Decoder 要从 Encoder 继承一个重要的信息，即隐含的状态变量 s。因此，decoder 在做 LSTM 时，不能从随机状态出发，而要从 encoder 得到的变量出发，其中 encoder_state 是长期状态 encoder_c 和短期状态 encoder_h 的列表组合，这样就得到了 decoder_output。

（4）全连接。用从 decoder_output 到所有的中文词汇建立一个全连接输出，生成了一个根据词汇的多少决定的多分类神经网络，采用 Softmax 激活函数。

代码示例 7-38：Decoder 的建立

```
decoder_input = Input(shape=(max_length-1, ))
x = Embedding(chs_vocab_size, hidden_size_1, mask_zero=True, name='CHS')
(decoder_input)
decoder_output = LSTM(hidden_size_2, return_sequences=True, name='Decoder')
(x, initial_state=encoder_state)

pred = Dense(chs_vocab_size, activation='softmax')(decoder_output)
```

9．模型总结

编写好 Encoder 和 Decoder 的代码之后，接下来编译运行模型，用大写的 Model 来整合。Model 需要两个输入，一个是 X，一个是 Y，Y 就是最后的输出 pred；而 X 是两个：一个是 encoder_input，另一个是 decoder_input。最后使用 model.summary 打印出整个模型结构和参数概要表。具体如代码示例 7-39 所示。

代码示例 7-39：模型总结

```
model = Model([encoder_input,decoder_input],pred)
model.summary()
```

chs_vocab_size

输出结果为：

```
Layer (type)                 Output Shape         Param #     Connected to
=================================================================================
input_1 (InputLayer)         (None, 40)           0

input_2 (InputLayer)         (None, 39)           0

ENG (Embedding)              (None, 40, 64)       456704      input_1[0][0]

CHS (Embedding)              (None, 39, 64)       875584      input_2[0][0]

Encoder (LSTM)               [(None, 128), (None, 98816      ENG[0][0]

Decoder (LSTM)               (None, 39, 128)      98816       CHS[0][0]
                                                              Encoder[0][1]
                                                              Encoder[0][2]

dense_1 (Dense)              (None, 39, 13681)    1764849     Decoder[0][0]
=================================================================================
Total params: 3,294,769
Trainable params: 3,294,769
Non-trainable params: 0

13681
```

本案例英文字典的大小是 7 136，中文字典的大小是 13 681，Embedding 的空间维度是 64，LSTM 的状态空间维度是 128。

（1）ENG（Embedding）参数计算。这里需要把不同的英文单词映射到虚拟空间中，对应的参数个数为 7 136×64=456 704。

（2）CHS（Embedding）参数计算。对中文而言，参数个数是 13 681×64 = 875 584。

（3）Encoder（LSTM）参数计算。这里涉及的 X 变量来自外部的 X 和自己状态空间中传过来的状态，相当于 hidden_state_1+hidden_state_2+截距项。最终的目标是把各种信息转换到 128 维的空间中。所以消耗的参数个数为(hidden_state_1 + hidden_state_2 + 1)×hidden_state_2× 4 = (64+128+1)×128×4 = 98 816。

（4）Decoder（LSTM）参数计算。与 Encoder（LSTM）消耗同样多的参数。

（5）Dense 层参数计算。这一层建立输出时是用 LSTM 模型的短期状态 state_h，维度由 hidden_state_2+截距项=128+1=129 控制，类别由 chs_vocab_size 控制，因此最后消耗的参数个数为(hidden_state_2+1)×chs_vocab_size = (128+1)×13 681 = 1 764 849。

10．模型训练与预测效果展示

训练模型的代码细节此处不再赘述，具体如代码示例 7-40 所示。我们得到一个简单的拟合结果，外样本预测精度只有 30%左右，这在一定程度上捕捉了中英文的对应关系。

代码示例 7-40：模型编译与拟合

```
from keras.optimizers import Adam
model.compile(loss='categorical_crossentropy', optimizer=Adam(lr=0.01), metrics=
['accuracy'])
model.fit([X_eng, X_chs], Y, epochs=10, batch_size=512, validation_split=0.2)
```

输出结果为：

```
Train on 16322 samples, validate on 4081 samples
Epoch 1/10
16322/16322 [==============================] - 31s 2ms/step - loss: 0.6003 - acc: 0.8687 - val_loss: 6.9068 - val_acc: 0.3039
Epoch 2/10
16322/16322 [==============================] - 30s 2ms/step - loss: 0.5034 - acc: 0.8943 - val_loss: 6.9761 - val_acc: 0.3053
Epoch 3/10
16322/16322 [==============================] - 30s 2ms/step - loss: 0.4596 - acc: 0.9056 - val_loss: 7.0524 - val_acc: 0.3061
Epoch 4/10
16322/16322 [==============================] - 30s 2ms/step - loss: 0.4312 - acc: 0.9114 - val_loss: 7.0970 - val_acc: 0.3004
Epoch 5/10
16322/16322 [==============================] - 30s 2ms/step - loss: 0.4084 - acc: 0.9162 - val_loss: 7.1786 - val_acc: 0.3036
Epoch 6/10
16322/16322 [==============================] - 30s 2ms/step - loss: 0.3898 - acc: 0.9198 - val_loss: 7.1986 - val_acc: 0.3023
Epoch 7/10
16322/16322 [==============================] - 30s 2ms/step - loss: 0.3692 - acc: 0.9244 - val_loss: 7.2658 - val_acc: 0.3035
Epoch 8/10
16322/16322 [==============================] - 30s 2ms/step - loss: 0.3514 - acc: 0.9282 - val_loss: 7.3228 - val_acc: 0.3012
Epoch 9/10
16322/16322 [==============================] - 30s 2ms/step - loss: 0.3340 - acc: 0.9325 - val_loss: 7.3723 - val_acc: 0.3021
Epoch 10/10
16322/16322 [==============================] - 30s 2ms/step - loss: 0.3167 - acc: 0.9366 - val_loss: 7.4187 - val_acc: 0.3014
```

最后使用这个模型进行一次真实的从英文到中文的翻译，其中输入为 what is your favorite drink，将这句话赋值给 test，使用 test.split 分词，形成单词，用英文的编码字典 texts_to_sequences 将 test 变成正整数，再用 pad_sequences 把 list of digit 变成矩阵化的英文语料。初始化一个变量 predict，用来记录在从英文到中文的翻译过程中产生的中文字词对应的整数编码，如果预测的下一个词是 0，则表示预测到此为止，需要 break。具体如代码示例 7-41 所示。

最终的翻译结果是"你最喜欢的季节？"，而不是"你最喜欢喝什么"，模型只捕捉到了"你最喜欢的"这个信息，而后面的信息难以捕捉。这有可能是因为我们的模型不好，也有可能是因为我们的语料库不够大。这说明要想把机器翻译做好还需要更多的努力。同时，这个案例也告诉我们，使用机器翻译是一件可行的事，是有希望的，是非常值得努力的。

代码示例 7-41：模型预测

```
import numpy as np

test = 'what is your favorite drink'
test = [test.split(' ')]
test = tokenizer_eng.texts_to_sequences(test)
test = pad_sequences(test, maxlen=max_length, padding='post')
predict = np.ones((1, max_length -1), dtype=np.int) * tokenizer_chs.word_index
['b']

chinese = ''
```

```
for i in range(max_length):
    output = model.predict([test, predict])
    predict[0, i + 1] = np.argmax(output[0, i])

    if predict[0, i + 1] == 0:
        break

    chinese = chinese + tokenizer_chs.index_word[predict[0, i + 1]]

print(chinese)
```

输出结果为：

你最喜欢的季节？

课后习题

1．词嵌入的结果通常是非常高维的，有没有什么办法将 100 维降成 2 维？这其中肯定是以效率为代价，但是否可以在一定程度上可视化？如果能够可视化出来，这将会是非常直观的感受，我们会知道哪些词离得近，哪些离得远。大家不妨试试。

2．使用基础的逻辑回归和词嵌入就能作诗。能否以此为起点，通过考虑更好的算法、更丰富更有意义的 X 变量，把模型做得更好，也把这首诗做得更好？

3．可否尝试改进 RNN 模型？一种改进的思路是借鉴时间序列中比较经典、成功的文献，尝试将它的理论应用到现在的 RNN 模型中，甚至在一般的深度学习模型中应用，放到自然语言或者更一般化的应用场景中。

4．LSTM 处理的长短记忆问题，在时间序列中也是一个长期讨论的经典问题，在这方面有很多过去的时间序列文献可以借鉴、学习。能不能找到一些模型，将它们与 LSTM 模型对比，看看它们之间有哪些区别与联系？

5．能不能想到一个问题或者应用场景，它不是机器翻译，但它也是一个短时间序列到短时间序列的映射问题，从而能够用 7.5 节介绍的方法来解决？

第 **8** 章 深度学习实验项目

【学习目标】

通过本章的学习，读者可以掌握以下 CNN 模型的实现过程。

1. LeNet5 模型。

2. AlexNet 模型。

3. VGG16 模型。

4. Inception V3 模型。

5. ResNet 模型简化版。

6. DenseNet 模型简化版。

7. MobileNet 模型简化版。

了解以下深度学习模型的实现过程。

1. 逻辑回归实现机器作诗。

2. RNN 模型实现机器作诗。

3. LSTM 模型实现机器作诗。

【导言】

要真正理解并掌握深度学习的核心，光懂理论知识是不够的，最重要的是动手实践，因此本章设计了 7 个实验项目，目的就是帮助读者巩固和加深对经典深度学习模型的理解与实际操作。每一个实验都配备一个真实的数据用于测试构建的深度学习模型。需要注意的是，要想比较顺利地实施本章的实验，请确保拥有一个性能较佳的 GPU 服务器（具体配置详见第 1 章的内容）。除了 7 个经典的 CNN 模型，本章还设计了 3 个用于处理文本序列的深度学习模型，这些模型相对更高阶，留给学有余力的读者学习。

8.1　LeNet 模型实验

【实验目的】

1．掌握 LeNet-5 的模型结构及编程实现。

2．了解常用的深度学习数据集 MNIST。

【实验数据】

MNIST 手写数字。

【实验内容】

1．从 Keras 中载入 MNIST 数据集并处理成模型必要的输入形式。

2．搭建 LeNet-5 模型框架。

3．编译模型，并给出最终的预测精度。

8.2　AlexNet 模型实验

【实验目的】

1．掌握 AlexNet 的模型结构及编程实现。

2．掌握数据生成器的读取方式。

3．掌握数据增强的深度学习技巧。

4．掌握 Dropout 的深度学习技巧。

【实验数据】

中文字体识别：隶书和行楷（可在课程资料网站下载）。

【实验内容】

1．利用数据生成器读取训练数据和测试数据，并对训练数据进行数据增强处理。

2．构造 AlexNet 模型框架。

3．编译模型，给出预测结果。

8.3　VGG16 模型实验

【实验目的】

1．掌握 VGG16 的模型结构及编程实现。

2．掌握 Batch Normalization 的深度学习技巧。

3．了解深度学习模型参数计算的过程。

【实验数据】

1．加利福尼亚理工学院鸟类分类数据库。

2．猫狗数据。

以上两个数据集均可在课程资料网站下载。

【实验内容】

1．任选一个数据集，采取合适的方法将数据读入。

2．搭建 VGG16 模型框架。

3．在 VGG16 模型架构中增加 BN 层。

4．编译模型，比较不加 BN 层和加了 BN 层的模型效果。

8.4　Inception V1 模型实验

【实验目的】

1．掌握 Inception V1 的模型结构及编程实现。

2．掌握使用 concatenate 函数实现 Inception 模块。

【实验数据】

花的分类数据（可在课程资料网站下载）。

【实验内容】

1．采取合适的方法将数据读入（可以尝试对训练数据做数据增强处理）。

2．构建 Inception V1 模型架构。

3．编译模型，给出预测结果。

8.5　ResNet 模型实验

【实验目的】

1．掌握残差学习模块的代码实现。

2．掌握 ResNet-17 的代码实现。

【实验数据】

花的 3 分类数据（可在课程资料网站下载）。

【实验内容】

1．采取合适的方法读入数据。

2．编写残差学习模块代码，并将其整合到 ResNet-17 代码架构中，形成完整的 ResNet-17 代码框架。

3．编译模型，并给出预测结果。

8.6　DenseNet 模型实验

【实验目的】

1．掌握 Dense Block 的结构及代码实现。

2．掌握简化版本的 DenseNet 模型实现。

【实验数据】

性别分类（可在课程资料网站下载）。

【实验内容】

1．采取合适的方法读入数据，并对训练数据做一些数据增强处理。

2．以 6.3.2 节的案例为例，构建 DenseNet 模型框架。

3．编译模型，并给出预测结果。

8.7　MobileNet 模型实验

【实验目的】

1．掌握深度可分离卷积的代码实现。

2．掌握简化版本的 MobileNet 模型实现。

3．掌握迁移学习的代码实现。

【实验数据】

1．狗的分类数据。

2．猫狗分类数据。

以上两个数据集均可在课程资料网站下载。

【实验内容】

1．采取合适的方法读入狗的分类数据，并对训练数据进行数据增强处理。

2．根据 6.4.2 节的案例编写简化版本的 MobileNet 代码。

3．编译模型，并给出预测精度。

4．利用猫狗数据实现迁移学习的代码，尝试迁移 Inception V3、ResNet 等模型结构，并将迁移学习的结果与之前自己搭建的模型结果比较。

8.8　逻辑回归作诗实验

【实验目的】

1．掌握 jieba 分词软件包的使用。

2．掌握词嵌入的程序实现。

3．掌握 Tokenizer 从字符到数字的映射处理。

4．掌握基于词嵌入和逻辑回归的作诗模型。

【实验数据】

诗歌数据集（poems_clean.txt），可在课程资料网站下载。

【实验内容】

1．读入诗歌数据集并进行以下处理：去标题、首行补齐、从原始数据到矩阵、Tokenizer 从字符到数字的映射处理。

2．实现基于词嵌入和逻辑回归的代码框架。

3．编译运行模型，并给出预测结果。

4．分别以"熊、大、很、帅"为首字，用逻辑回归作一首藏头诗。

8.9　RNN 模型作诗实验

【实验目的】

1．掌握文本序列"长短不一"的处理办法。

2．掌握 RNN 模型的原理及代码实现。

【实验数据】

诗歌数据集（poems_clean.txt），可在课程资料网站下载。

【实验内容】

1．读入诗歌数据集并进行以下处理：去标题、首行补齐、从原始数据到矩阵、Tokenizer 从字符到数字的映射处理、处理长短不一、矩阵拆分、one-hot 编码。参见 7.3.3 节。

2．编译运行 RNN 模型代码，并给出预测结果。

3．分别以"熊、大、很、帅"为首字，用 RNN 模型作一首藏头诗。

8.10　LSTM 模型作诗实验

【实验目的】

掌握 LSTM 模型的代码实现。

【实验数据】

诗歌数据集（poems_clean.txt），可在课程资料网站下载。

【实验内容】

1．读入诗歌数据集并进行以下处理：从字符到正整数的映射、提取因变量和自变量、转换为 one-hot 编码格式。

2．编译运行 LSTM 模型代码，给出模型预测结果。

3．分别以"熊、大、很、帅"为首字，用 LSTM 模型作一首藏头诗。

参考文献

1. 张平. 图解深度学习与神经网络：从张量到 TensorFlow 实现[M]. 北京：电子工业出版社，2018.

2. 斋藤康毅. 深度学习入门：基于 Python 的理论与实现[M]. 陆宇杰译. 北京：人民邮电出版社，2018.

3. 蒋子阳. TensorFlow 深度学习算法原理与编程实战[M]. 北京：中国水利水电出版社，2019.

4. 弗朗索瓦·肖莱. Python 深度学习[M]. 张亮译. 北京：人民邮电出版社，2018.

5. 山下隆义. 图解深度学习[M]. 张弥译. 北京：人民邮电出版社，2018.

6. 魏贞原. 深度学习：基于 Keras 的 Python 实践[M]. 北京：电子工业出版社，2018.